潍县青

天津卫青

济南青圆脆

1

石家庄白萝卜

心里美

白玉大根

2

田间生长的新济杂 2 号

收获的新济杂 2 号

小五缨水萝卜

3

鲁萝卜1号

鲁萝卜2号

鲁萝卜3号

4

建设新农村农产品标准化生产丛书

萝卜标准化生产技术

王玉刚　编著

金盾出版社

内 容 提 要

本书由沈阳农业大学园艺学院专家编著。主要介绍萝卜标准化生产的概念和意义，萝卜标准化生产的品种选择和种子生产，萝卜标准化生产的环境要求和露地标准化栽培条件的优化，萝卜标准化生产的栽培管理和病虫害防治，萝卜芽标准化生产技术，萝卜标准化生产的采后处理及产品质量标准等内容。全书内容丰富，标准具体明确，技术先进实用，可操作性强。可供广大菜农、蔬菜生产技术人员及农林院校相关专业师生学习和参考。

图书在版编目(CIP)数据

萝卜标准化生产技术/王玉刚编著．—北京：金盾出版社，2008.3

（建设新农村农产品标准化生产丛书）

ISBN 978-7-5082-4987-2

Ⅰ．萝… Ⅱ．王… Ⅲ．萝卜-蔬菜园艺-标准化 Ⅳ．S631.1

中国版本图书馆 CIP 数据核字(2008)第 002179 号

金盾出版社出版、总发行

北京太平路 5 号(地铁万寿路站往南)

邮政编码：100036 电话：68214039 83219215

传真：68276683 网址：www.jdcbs.cn

彩色印刷：北京金盾印刷厂

黑白印刷：京南印刷厂

装订：桃园装订厂

各地新华书店经销

开本：787×1092 1/32 印张：3.875 彩页：4 字数：78 千字

2009 年 1 月第 1 版第 2 次印刷

印数：10001—18000 册 定价：7.00 元

序　　言

随着改革开放的不断深入，我国的农业生产和农村经济得到了迅速发展。农产品的不断丰富，不仅保障了人民生活水平持续提高对农产品的需求，也为农产品的出口创汇创造了条件。然而，在我国农业生产的发展进程中，亦未能避开一些发达国家曾经走过的弯路，即在农产品数量持续增长的同时，农产品的质量和安全相对被忽略，使之成为制约农业生产持续发展的突出问题。因此，必须建立农产品标准化体系，并通过示范加以推广。

农产品标准化体系的建立、示范、推广和实施，是农业结构战略性调整的一项基础工作。实施农产品标准化生产，是农产品质量与安全的技术保证，是节约农业资源、减少农业面源污染的有效途径，是品牌农业和农业产业化发展的必然要求，也是农产品国际贸易和农业国际技术合作的基础。因此，也是我国农业可持续发展和农民增产增收的必由之路。

为了配合农产品标准化体系的建立和推广，促进社会主义新农村建设的健康发展，金盾出版社邀请农业生产和农业科技战线上的众多专家、学者，组编出版了《建设新农村农产品标准化生产丛书》。"丛书"技术涵盖面广,涉及粮、棉、油、肉、奶、蛋、果品、蔬菜、食用菌等农产品的标准化生产技术;内容表述深入浅出,语言通俗易懂,以便于广大农民也能阅读和使用;在编排上把农产品标准化生产与社会主义新农村建设巧妙地结合起来,以利农产品标准化生产技术在广大农村和广大农民群众中生根、开花、结果。

我相信该套"丛书"的出版发行,必将对农产品标准化生产技术的推广和社会主义新农村建设的健康发展发挥积极的指导作用。

王连铮

2006 年 9 月 25 日

注:王连铮教授是我国著名农业专家,曾任农业部常务副部长、中国农业科学院院长、中国科学技术协会副主席、中国农学会副会长、中国作物学会理事长等职。

前　言

　　萝卜为十字花科萝卜属二年生草本植物，别名莱菔、芦菔。原产于我国，是一种在我国栽培历史悠久的蔬菜，已有2 700年的历史，目前其种植面积在不断扩大，产量也逐步提高，播种面积在蔬菜中仅次于大白菜。

　　萝卜具有重要的食用价值和药用价值，几千年来在我国民间盛传的关于萝卜的美誉较多，如"十月萝卜赛人参"、"萝卜上场，大夫还乡"、"冬吃萝卜夏吃姜，不用医生开药方"、"萝卜进城，药铺关门"等。萝卜富含多种矿物质、维生素、氨基酸，许多成分已被证实对人体健康有重要作用，萝卜还对人体多种疾病都有一定的疗效。萝卜可以熟食、生食、加工，还可药用和用作饲料。

　　萝卜品种类型较多，我国萝卜的品种比世界上任何国家都丰富，地方品种近2 000个，任何区域、任何季节都有可供选择栽培的地方品种。近10年来，萝卜作为出口创汇项目，其出口量一直在蔬菜中位居前列。萝卜的适应性强，生长快，产量高，栽培管理简单，生产成本低，便于大面积栽种，而且生产效益较高，受到各地菜农的普遍重视。近年来日本、韩国等国家对萝卜的需求量逐年增加，种植出口萝卜已成为新的种植热点。

　　目前，我国萝卜的种植面积在120万公顷左右，主要集中在河北、浙江、安徽、山东、广东、四川等省。随着我国加入世界贸易组织（WTO）和人们生活水平的提高，传统的萝卜生产方式已经不能适应当前市场化的需求，存在着一些亟需解决的问题,如品种选择不合理,栽培管理粗放,产品品质参差不齐,不能适销对路,产地环境污染严重,产品质量安全没有保障等。在萝卜标准化生产过程中,从产地选择、栽培品种的确定、育苗定植、栽培管理、产品采收和质量检测,一直到产品的包装、贮藏、加工和运输的全过程都必须按照特定的技术标准,生产出优质的绿色无公害的产品。

本书从良种选用及种子生产、产地环境、栽培管理技术、病虫害防治、采后商品化处理等方面系统介绍了萝卜标准化生产技术及相应标准。此外,还介绍了一种新兴的芽菜——萝卜芽的生产技术。本书可供萝卜生产专业户、技术推广人员、农村职业技术学校师生阅读参考。

由于时间仓促,笔者水平有限,书中不妥之处,敬请读者不吝赐教。本书在编写过程中,王丽丽博士也参与了资料收集、整理工作,在此表示感谢。另外,对于本书参考的一些文献资料,值此本书出版之际,谨对有关作者表示衷心的感谢!

编 著 者

2007 年 12 月

目　　录

第一章 萝卜标准化生产的概念和意义

一、萝卜标准化生产的概念

(一)农业标准化

农业标准化是指以农业科学技术和实践经验为基础,运用"统一、简化、协调、选优"的原则,把先进的农业科技成果和经验转化成标准加以实施,使农业生产的产前、产中、产后全过程纳入标准生产和标准管理的轨道。简单地说,就是按照标准生产农产品的过程。

(二)萝卜标准化生产

萝卜标准化生产是指在萝卜生产中的产地环境、生产过程和产品质量符合国家与行业的相关标准,产品经质量监督检验机构检测合格,通过有关部门认证的过程。

二、萝卜标准化生产的意义

其一,标准化生产是萝卜质量安全的技术保证。"民以食为天,食以安为先",农产品的质量安全情况直接关系到亿万百姓的身体健康乃至生命安全。2006 年 4 月 29 日第十届全国人大常委会第二十一次会议审议通过了《中华人民共和国农产品质量安全法》,同年 11 月 1 日开始执行。该法的颁布与实施为保障农产品质量安全,维护公众健康,促进农业和农村经济发展提供了重要的法律基础。当前萝卜生产中,随着农药、化肥使用的增多,造成产地环境污染加剧,萝卜的质量安全问题已经日益突出。实施标准化生产可以从产地环境到生产过程及最后包装运输的每个环节都有标准可循,保障萝卜的质量安全。

其二,标准化生产是增强萝卜市场竞争力,进入国际市场的必然选择。出口萝卜生产的发展是我国萝卜生产上的一大特色,目前出口萝卜生产有两种情况:一种是外商指定品种并带来他们的种子在中国生产,加工成半成品输出;另一种是我国的传统优良地方品种在原产地生产,按外商规定的产品标准出口。随着国内品种的发掘改良和国外品种的大量引进,生产上可利用的品种大大增加,从而使我国一年四季都有可栽培的优良品种。自我国加入WTO后,国际贸易中的一些贸易壁垒逐渐被拆除,但"绿色贸易壁垒"的门槛却在不断提高,随之而来的贸易摩擦也不断增多。因此,实施标准化生产,是提高萝卜在国际市场竞争力的需要,要扩大出口,必须推行标准化,使产品的质量与结构同国际标准和市场需求接轨,生产出优质、高效、具有竞争力的产品,提升萝卜出口创汇能力。

其三,标准化生产是创立品牌,提高萝卜种植效益的需要。近年来,我国不少地方的萝卜生产也出现了增产不增收的现象。目前,我国农业在解决了人民群众的温饱问题后,正面临着人们对农产品消费需求的多样性、优质化和安全卫生需求不能充分满足与低质农产品相对过剩的矛盾;同时,在我国加入WTO后,也面临着农产品市场日益国际化和国内外市场一体化趋势的挑战。为适应竞争的要求,农产品生产也必须像生产工业产品一样,严格质量和安全卫生标准,争创名牌产品,争取优质优价,以最大限度地提高经济效益,增加农民收入。

其四,标准化生产是实现萝卜产业可持续发展的需要。标准化生产不仅仅是优质、高产、高效生产,同时也是资源利用合理,生态良性循环的可持续发展的生产。过去由于农业开发过程中没有较好处理利用与保护的关系,工业污染失控,农业生产中不合理、不规范地使用化肥、农药、农膜等,造成农业生态环境质量严重下降。萝卜产业的可持续发展有赖于品种生产布局、生产环境、栽培管理技术、病虫害防治、采后处理等方面实现标准化,实现萝卜产业的可持续发展。

三、萝卜标准化生产的现状及建议

当今发达国家农业标准化程度普遍较高,其农业基本上都实现了标准化。欧美、日本等发达国家,农产品从新品种选育的区域试验和特性试验,到播种、收获、加工整理、包装上市,都有一套严格的标准。农民种植农作物时,用什么品种、何时播种、何时施肥、施什么肥施多少肥、何时采收等,都有严格的规定。

我国标准化工作起步晚,总的看来,农业标准化体系建设尚处在试点和起步阶段,与国际先进水平相比,还有很大的差距。但也取得了一定成绩,截至 20 世纪末,我国已累计完成农业方面的国家级标准 1 056 项,行业标准 1 600 项,各省(自治区、直辖市)制定的农业地方标准 6 179 项。初步形成了以国家标准为主体,行业标准、地方标准和企业标准相衔接配套的产前、产中、产后全过程的农业标准体系,全国已组建农业标准化技术委员会和农业标准技术归口单位 20 多个,尤其是我国加入 WTO 后,标准化工作的重要性和紧迫性日益凸显,如何加快我国标准化步伐,提高制定、修订标准的速度,缩短周期,与国际接轨,已成为我国当前面临的首要问题。

(一)我国农业标准化存在的问题

1. 农业标准化意识淡薄 目前我国各级地方政府的领导者普遍对农业标准化的概念模糊或认识不到位,重视不够,同时也导致了不少农民缺乏对农业标准化的正确理解和实施。例如,无公害农产品生产要求尽量减少施用农药次数,使用生物农药,少用无机农药。尽管生物农药与无机农药的价格相差无几,但许多农民仍旧习惯使用无机农药,因此常造成农药残留超标。

2. 农业标准化体系仍不健全 现行标准种类不够多、不够细,要求欠具体;标准之间协调性、配套性差,不成系统,在推行过程中有时存在明显的冲突;国家标准、行业标准、地方标准交叉重复,技术要求不一致。例如,动物性食品及蔬菜中成分的检测在国际标准中已非常普遍,但在我国有的刚刚制定,有的还未制定,至 2003 年,我国只制定了 197 种农产品农药残留限量标准,而世界卫生组织和联合国粮农组织已有3 100多种,美国达8 000多种。

3. 标准水平偏低 目前,我国农业标准只有部分检测方法采用国际标准,大多质量标准只是部分指标采用了国际标准;有些标准系列缺乏可操作性和可检验性;农产品质量认证体系不健全。因此,我国农业标准化与国际水平仍存在一定的差距。此外,我国农业国家标准中,大部分标准标龄偏长,标龄 10 年以上的 692 项,占 37.7%;5～10 年的 672 项,占

33.4%。

(二)对我国农业标准化的建议

1. 增强农业标准化意识,加大普及、宣传农业标准化知识工作的力度　目前,农业标准化的意义还没有被社会各界所认识,大多数农村群众对其还比较陌生。因此,应加强对农业标准化工作的宣传力度,在全社会形成了解、认识、掌握农业标准化的氛围。要让农民知道,实施标准化是提高农产品产量和经济收入的前提,从而把实施标准化变成广大农户的自觉行动。

2. 尽快完善我国农业标准化体系　应提高制定、修订标准的速度,缩短周期。对于过时的农业标准,应及时修订更新。美国等发达国家为保证标准的先进性,一般每 5 年复审 1 次。日本几乎每个月就出台 1 项关于农产品技术措施方面的政策,2002 年 1~7 月份,日本先后对进口蔬菜、蔬菜加工食品以及冷冻蔬菜的抽检范围做出了调整,技术措施的制定和实施速度非常快。我国在完善农业标准化体系方面,也应加快制定、修订标准的速度,缩短周期,尽快缩短与发达国家的差距。

3. 加强农业标准化管理,提高为广大农民服务意识　在农业标准的管理上可采用信息化管理,国家、省(自治区、直辖市)可采用框架结构式构建我国及各省(市)的农业标准化体系。由于我国农业方面目前按农、林、畜、水分别管理,因此,可根据标准内容按照农产品标准、支撑与服务农业标准进行分类,可将农产品标准分为农作物标准、林产品标准、畜禽产品标准、水产品标准以及农产品通用标准,支撑与服务农业标准分为投入品、设施建设、机械器具、环境资源。最终将不同类别农产品基础标准、物流标准、质量标准、技术规程及方法标准做成"方砖",嵌入农业标准化体系框架,构建成一座"金字塔"。根据建立的农业标准体系框架,确定所需制定、修订的农业标准,并将最新标准及时补进。这样,一方面可以对农业标准进行有效管理和提供信息化服务,另一方面可对现有标准体系中的缺陷及时发现、修补。

4. 积极主动、科学合理地采用国际标准和国外先进的农业标准,尽快与国际接轨 针对目前技术性贸易壁垒对国际贸易的影响越来越大的现状,我国应加强标准制定的投入,在充分考虑我国农业生产现状的基础上,制定出适合我国国情的高水平农业标准,设置我国的技术壁垒,以保护我国的农业产业以及人民群众的身体健康和生命安全。在制定、修订及实施农业标准的过程中,应顺应当今保护生态环境、实现可持续发展的趋势,执行国际通行的环境管理 ISO 14 000 系列标准。另外,还应完善农产品质量认证体系,重视农产品质量认证。因为目前国际标准化组织(ISO)的 100 多个成员国中,2/3 以上的国家已实行产品质量认证制度,产品得不到 ISO 9 000 系列标准认证,就可能遭遇不准进口或压价等手段。要想尽快扩大农产品及其制成品的出口,就应加大力度,在尽可能多的产品上采用 ISO 9 000 标准。只有这样,才能跨越和打破其他国家的各种贸易壁垒,取得进入国际市场的"通行证",使农业可持续发展得以维持,最终取得经济、社会和生态的最佳效益。

第二章　萝卜标准化生产的品种选择和种子生产

一、萝卜品种选择

(一)萝卜品种分类

1. 按植物学特征分类

(1)按肉质根根皮颜色　分为红皮、白皮、绿皮、紫皮、黑皮等。

(2)按肉质根形状　分为圆形、扁圆形、长圆柱形、卵形等。

(3)按肉质根入土形状　分为露身形、隐身形、半隐身形等。

(4)按叶形　分为花叶、板叶、半花叶等类型。

(5)按叶丛生长状态　分为直立形、平展形、塌地形等。

2. 按栽培季节分类　这是萝卜栽培中的重要分类方法。其主要是依据播种期和采收期而冠名的。主要分为：

(1)春夏萝卜　俗称春萝卜或水萝卜。

(2)夏秋萝卜　包括早夏种晚夏收和夏种秋收的萝卜品种,俗称夏萝卜。

(3)秋冬萝卜　立秋前后播种,秋冬采收。立秋前种通称早秋萝卜,一般俗称秋萝卜。

(4)冬春萝卜　秋末冬初播种,保护地或露地越冬,春季采收,俗称冬萝卜。

(5)四季萝卜　又称水萝卜、小萝卜。其生长期短,条件适宜可实现终年生产。

3. 按萝卜用途特点分类

(1)生食用种　如北京的名特产心里美萝卜,是闻名中外的水果型萝卜。现在全国各地,甚至日本、欧美许多国家地区相继引种,并被日本列为当地品种。天津的卫青也是著名的水果萝卜,其根肉翠绿、质脆多汁、味甜爽口,亦可生食。

(2)熟食用种　熟食品种类型十分丰富,如板叶大红袍,根肉白色,品质好;耐热,抗病,耐贮藏,宜密植;中熟,生育期80天左右;产量高,每667平方米产量高达2 000～3 000千克。

(3)加工型用种　用于制作各种加工品的原料,要求组织致密、皮薄、干物质含量较高。如晏种萝卜,是江苏省扬州市的名特产酱菜"萝卜头"的原料品种。晏种萝卜肉质根近圆球形,根皮白色,鲜甜脆嫩,品质极佳,在国内外享有盛名。

此外,还有专门叶部供食用的叶用萝卜和食用种子催芽生长出的芽苗菜。

4. 按春化特性分类

(1)春性系统　萌动种子在12.2℃～24.8℃的自然条件下就能通过春化。主要分布在华南及西南各省。

(2)弱冬性系统　萌动种子在2℃～4℃下处理10天,播种后24～35天现蕾。主要分布在长江流域各省及华北部分地区。

(3)冬性系统　萌动种子在2℃～4℃下处理10天,播种后35天以上现蕾。主要分布在华北各省及长江流域。

(4)强冬性系统　萌动种子在2℃～4℃下处理50天都

未能满足春化条件。主要分布在长江下游和青藏高原地区。

(二)优良品种选用原则

优良品种在当前农业生产中的重要性越来越被人们所认识,广大农民选用优良品种的意识也越来越强。在相同的自然、栽培管理技术条件下,如果选用优良品种,在不增加劳动力、肥料及其他农业投入的情况下,可以获得产量更高、品质更优的产品以及更好的经济效益。目前萝卜生产中杂种一代品种的使用率几乎达到了100%。

影响蔬菜生产的两个最主要因素是良种和良法。良种是指优良品种;良法是指优良的栽培技术。蔬菜生产除掌握先进的栽培技术外,优良品种是提高产量、品质的关键。通过推广优良的蔬菜品种,可以不断提高蔬菜的产量,并根据不同品种的成熟期、适应性等安排不同栽培季节,以达到周年平衡的蔬菜供应;通过选用抗病的优良品种,可以减少农药的使用,降低成本,减少蔬菜的农药残留,保证消费者的身体健康;通过推广优良品种,可以根据不同品种的特性,满足生产和消费的不同需求。一般来说,优良品种应具备以下几个条件:

1. 丰产性好 优良的萝卜品种,在一定的管理和栽培条件下,应比同类型的普通品种获得更高的产量,一般比普通品种增产10%以上。

2. 抗逆性强 优良萝卜品种必须比同类普通品种具有更强的抗逆性,如春播要耐寒、耐抽薹;夏季耐热、耐湿等,这是获得高产的基本保证。

3. 抗病性强 抗病性强是优良品种需要具备的一个非常重要的特征。在集约化栽培强度大,土地使用过度频繁的情况下,抗病性将是优良品种首要具备的条件。抗病性强的萝卜品种,在病害流行时可以保证产量和品质的相对稳定。

4. 商品品质好　优良品种其产品应具备消费者所要求的优良商品性状,如外观、整齐度、色泽、风味和营养指标等。

任何一个优良品种都不能尽善尽美,但对某一个品种来说,它的主要经济性状要突出,如加工胡萝卜品种的胡萝卜素含量要高,鲜食萝卜品种要有好的外观等。随着人民生活水平的不断提高,蔬菜生产的不断发展,栽培技术的不断改进,新品种只有不断更新,才能满足生产和消费的要求。

(三)不同地域、栽培季节和茬口适宜种植的优良品种

1. 华中、华北地区萝卜栽培季节和茬口适宜种植的优良品种　该地区主要包括山东、山西、河南、河北四省与北京和天津两市以及江苏、安徽两省北部。不仅栽培历史悠久,而且品种分布集中,形态类型多样,各种类型的萝卜品种在该地区均有分布,资源十分丰富。生产优质萝卜与本地区的良好自然条件密切相关。河北、河南与山东三省土地是由黄河、淮河、海河等冲积而成的平原,土壤肥沃,河流纵横,水利发达,灌溉便利,为生产优质萝卜提供了重要基础。年平均气温山东、河南、安徽、江苏较高,为 11℃~16℃。无霜期除河北和山西北部在 80~90 天以外,其他地区无霜期均在 180 天以上。萝卜起源于温带,属于半耐寒性蔬菜,生长适宜的温度范围为 5℃~25℃,种子发芽的适温为 20℃~25℃,生长适温为20℃左右。综合本地区气候条件及萝卜对环境条件的要求来看,除河北、山西北部高寒地区外,山东、河南、安徽、江苏、河北中部和南部以及山西平原地区中南部盆地都可以种植中晚熟萝卜,河北、山西北部仍可以夏种秋收一茬萝卜。

山东、河南两省主要生产秋冬萝卜类型,品种多为短而粗

的绿皮萝卜,其次是红皮和白皮萝卜。江苏和安徽两省以耐热、抗病品种为主,主要为红皮和白皮萝卜,少量绿皮品种;山西省的萝卜品种主要以春夏萝卜为主,由于该地区秋季阳光充足、昼夜温差大、气候凉爽,有利于肉质根生长,所以生产出的萝卜个大,含水分少,而淀粉、糖分含量较高。

(1)鲁萝卜1号 山东省农业科学院蔬菜研究所选育的萝卜杂种一代。叶丛较小,半直立,羽状裂叶,叶深绿色。肉质根圆柱形,入土部分很少,皮深绿色,略具白锈,肉翠绿色,质地紧实。还原糖含量3.42%,每100克鲜重维生素C含量为25.4毫克,淀粉酶为269.1酶活单位,辣味稍重。生长期75～80天。单根重500～700克,每667平方米产量4 000千克以上。鲁萝卜1号极耐贮藏,沟窖埋藏到翌年4～5月份不糠心。在北方地区秋季可作生食、菜用兼用品种种植。

(2)鲁萝卜4号 山东省农业科学院蔬菜研究所育成的杂种一代。叶丛半直立,羽状裂叶,叶深绿色,单株叶片8～10片。肉质根圆柱形,入土部分较少,皮深绿色,肉翠绿色,肉质致密,生食脆甜多汁。耐贮藏。单根重500克以上,根叶比为4左右。肉质根还原糖含量3.5%左右,每100克鲜重维生素C含量为30毫克,淀粉酶为200酶活单位,微辣,风味好。生长期80天左右。每667平方米产量4 000千克以上。较抗霜霉病和病毒病。可作为秋季栽培的绿皮水果萝卜品种,在喜食绿皮绿肉类型的地区推广种植。

(3)丰光一代 山西省农业科学院蔬菜研究所育成的杂种一代。叶丛半直立,花叶,叶绿色。肉质根长圆柱形,长38～42厘米,横径9厘米,约1/2露出地面,表面光滑,出土部分皮绿色,入土部分白色,肉质白色,单根重平均2千克。中晚熟,生长期85～90天。耐热,抗病毒病。一般每667平方米产量 5 000 千克左右。肉质致密脆嫩，味稍甜，含水量略多，品质良好，宜生食、熟食和腌渍用。除山西外，河北、山东、河南、甘肃及云南等省均有栽培。

(4)豫萝卜 1 号（原名 791） 河南省郑州市蔬菜研究所育成的杂种一代。叶丛较开展，花叶，叶深绿色。肉质根粗圆锥形，单根重平均 1.7 千克，皮色翠绿，根毛少，约 4/5 露出地面。肉质脆而多汁，辣味很淡，贮藏后不易变色、糠心，生、熟食皆宜。生长期 85 天左右。抗病毒病。一般每 667 平方米产量 5 000 千克左右。适宜在河南郑州、许昌等地栽培。

(5)平丰 3 号 河南省平顶山市农业科学研究所育成的杂种一代。叶丛半直立，花叶，叶深绿色，叶面微皱。肉质根呈圆柱形，皮青绿色，长 30 厘米，横径 10 厘米，青头长 20 厘米，表面光滑。单根重平均 1.5～2 千克。生长期 85 天，抗病。每 667 平方米产量 6 000～7 000 千克。肉质绿色，生食脆甜，品质较好，宜生食、熟食。适宜在河南、河北、山西、陕西、山东、甘肃等省栽培。

(6)平丰 4 号 河南省平顶山市农业科学研究所育成的杂种一代。叶丛直立，花叶，叶亮绿色，叶面平滑。肉质根呈圆柱形或纺锤形，表皮青绿色，无根毛，长 30 厘米，横径 10～12 厘米，青头占 2/3 以上。单根重平均 1.5～2 千克。生长期 85 天，抗病。每 667 平方米产量 6 000～7 000 千克。耐贮藏。肉质绿色，生食脆甜，品质较好，生、熟食皆宜。适宜在黄河流域的广大地区栽培。

(7)天津卫青 天津市郊区地方品种，为著名的水果型萝卜。叶丛平展，花叶，羽状全裂，叶绿色。肉质根长圆柱形，尾部稍弯，长 20～25 厘米，横径约 5 厘米，重 250～750 克，约 4/5 露出地面，外表皮灰绿色，入土部分白色，肉色翠绿。肉质致密,脆嫩多汁,味稍辣,贮藏后味甜爽口,品质佳,宜生食,可凉拌、雕花及腌制。生长期 80～90 天,较耐热、耐藏,不易糠心。但不抗病毒病。每 667 平方米产量 2 500 千克左右。适于天津、北京、河北、内蒙古等省(自治区、直辖市)栽培。

(8)鲁萝卜 6 号　山东省农业科学院蔬菜研究所育成的杂种一代。叶丛半直立,羽状裂叶,叶色深绿。肉质根短圆柱形,长 15 厘米,横径 10 厘米左右。地上部长 10 厘米,皮绿色,地下部皮白色,须根微红。肉质鲜紫红,脆甜多汁,生食风味佳。较耐贮藏,适于收获后贮藏至春节前后食用。单根重 550 克左右。较抗病,适应性强。中熟,生长速度快,生长期 80 天左右。每 667 平方米产量 4 000 千克以上。可作为秋季栽培的绿皮水果萝卜品种,在喜食心里美类型的地区推广种植。

(9)北京心里美　北京市郊区农家品种,著名的水果型萝卜。叶丛半直立或较平展,有花叶和板叶两种类型:板叶型的直立性较强,叶绿色,叶柄、叶脉浅绿色,肉质根短圆柱形,约 1/3 露出地面,根长 15 厘米,横径 12 厘米,单根重 750 克左右;花叶型稍直立,叶色淡绿,根长 12 厘米,横径 11 厘米,单根重 550 克左右,出土部分皮色灰绿,入土部分皮色渐浅,尾部黄白色。肉色有血红瓤(紫红色)和草白瓤(紫红与绿白色相间)两个类型。肉质紧密,生食脆甜,品质好,以生食为主,可雕花或加工制成五香萝卜干。耐贮藏,较抗病。一般每 667 平方米产量 3 500 千克左右。中熟,生长期 80 天左右。现在全国各地及日本、欧美的许多国家都相继引种。

(10)满堂红　北京市农林科学院蔬菜研究中心育成的杂种一代。分花叶满堂红和板叶满堂红两个品种。花叶满堂红叶丛半直立,羽状深裂;板叶满堂红叶丛直立,叶缘缺刻极浅,叶色深绿,叶柄、叶脉浅绿色。肉质根椭圆形,根长 11 厘米,横径约 10 厘米,3/4 露出地面,出土部分浅绿色,入土部分灰白色。肉质血红色,脆嫩多汁,品质佳。单根重 500～600 克,耐贮藏。生长期 75～80 天。每 667 平方米产量 4 000 千克左右。已在北京、河北、内蒙古、山西及东北、西北等地推广。

(11)石家庄白萝卜 原河北省农业试验场育成。叶丛直立,有板叶和花叶两种类型,叶色深绿,叶柄及叶脉浅绿色。肉质根长圆柱形,根长 40～50 厘米,横径 7～9 厘米,单根重 1.5 千克左右。肉质根 2/3 露出地面,表面光滑,白皮,肉质细嫩洁白,微甜稍辣,汁多,不易糠心,适于熟食或腌制。生长期 90 天左右。抗病,耐贮藏。每 667 平方米产量 4 000～5 000 千克。适于我国北方地区种植。

(12)鲁萝卜 8 号 山东省莱阳市华绿种苗场育成。叶丛直立,叶片较细小,羽状裂叶,叶面平滑。肉质根长圆柱形,顶部钝圆,长 50～60 厘米,横径 8～10 厘米,白皮白肉,肉质脆,纤维少。冬性强,抽薹晚,适应范围广,春、夏、秋季均可播种,不易糠心。可生食、熟食或加工腌渍用。秋播生长期 85 天,单根重可达 1.3 千克。每 667 平方米产量 7 000 千克。

(13)象牙白 从日本引进。叶丛直立,花叶,深绿色,叶柄浅绿色。肉质根长圆柱形,长 45～50 厘米,横径 7～10 厘米。单根重 1.5 千克左右,最大可达 3.5 千克以上。肉质根约 1/5 露出地面,皮肉均为白色。肉质细嫩,汁多味淡,适于熟食、腌制。生长期 80～90 天。抗病,耐热,适应性强。每 667 平方米产量 3 000～4 000 千克。适于北京、河北、山西、内蒙古等省(自治区、直辖市)栽培。

(14)夏长白 2 号 江苏正大种子公司从泰国引进的优良杂种一代。抗病,耐热性强,生长速度快,产量高。肉质根长圆柱形,长 25 厘米,横径 6 厘米左右,入土部分占 1/2 左右,皮肉白色,单根重 0.5～1 千克。播后 45～50 天即可收获上市。

(15)农大红　北京农业大学园艺系育成。叶丛半直立,叶片绿色,全裂,叶柄红色。肉质根近圆形或椭圆形,皮红色,近皮处稍带绿白色,根头部较大,肉质根长 15～24 厘米,一般单根重 1.5 千克,生长期 85～90 天。抗病,丰产,耐贮藏,需肥水较多,不适宜在贫瘠及旱地上栽培。每 667 平方米产量 4 500 千克左右。根肉白色,肉质致密,味稍甜,宜熟食。适宜在北京郊区栽培。

(16)北京四缨萝卜　北京郊区农家品种。叶丛直立,板叶,深绿色,叶柄浅紫红色。肉质根圆锥形,长 6 厘米,横径 2.5 厘米,皮浅红色,肉白色,重约 78 克。早熟,较耐寒。生长期约 45 天。较抗病。肉质细脆嫩,水分多,品质好。每 667 平方米产量约 1 500 千克。适于北京地区早春露地或保护地间作栽培。

(17)北京五缨萝卜　北京郊区农家品种。叶丛直立,板叶,深绿色,叶柄紫红色。肉质根圆锥形,长 8 厘米,横径 3 厘米,外皮红色或稍浅,肉白色,脆嫩,品质好。单根重 30～40 克。早熟,耐寒。生长期约 50 天。较抗病。每 667 平方米产量约 2 000 千克。适于华北地区早春露地或保护地间作栽培。

(18)承德大五叶　河北省承德市农家品种。叶丛半直立,板叶,绿色,叶柄浅绿或带紫晕。肉质根长圆柱形,长 15 厘米,横径 3.5 厘米,地上部皮红色,地下部粉红色,肉白色,单根重约 150 克。肉质致密,味微甜,口感脆嫩,水分较多,品质较好,可生食或熟食。早熟,耐寒,较抗病。生长期约 50 天。每 667 平方米产量约 2 000 千克。适于华北地区早春露地或保护地间作栽培。

2. 东北地区萝卜栽培季节和茬口适宜种植的优良品种

东北地区位于我国东北边陲，包括黑龙江、吉林和辽宁三省和内蒙古自治区大部，其特点是地形差异较大、山地和丘陵较多、气候寒冷。黑龙江、吉林两省是我国最北部的省份，冬季漫长、寒冷，夏季短促多风，7、8、9 3 个月气温适中，为该地区萝卜生产的主要时期。辽宁省气候相对较为温暖，夏季温暖多雨，春季短促多风，年平均气温从东北向西南由 5℃ 增至 10℃，8、9、10 月 3 个月为该省萝卜的主要生长时期，而且这几个月的光照资源比较丰富，每月日照时间都在 200 小时以上。内蒙古地区年平均气温由东北向西从 −1℃ 增至 8℃ 左右，河套平原属于大陆性气候，年平均气温 7℃～8℃，萝卜的主要种植时期也为 8、9、10 月 3 个月。

（1）黑龙江五缨水萝卜　黑龙江省农家品种，分布在全省各地。叶丛直立，板叶，近叶柄处呈波状，叶绿色，叶片长 20 厘米左右，宽 4～6 厘米，叶柄红绿色。肉质根长 10～12 厘米，横径 3～4 厘米，长圆柱形，地上部与地下部皮色均为粉红色，肉质白色，单根重 50 克左右。早熟，为春季栽培品种，从播种至收获约 50 天。耐寒性、抗病性强。味微甜，品质好，适宜生食。哈尔滨地区于 4 月下旬露地直播、条播，行距 15～20 厘米，株距 6～8 厘米，6 月中旬收获。每 667 平方米产量 1 000～1 330 千克。

（2）黑龙江白皮水萝卜　黑龙江省青岗农家品种，主要分布在黑龙江省东部及东北部地区。叶丛直立，花叶，绿色，叶面茸毛中等，全裂，小裂叶片 3 对，叶长 31 厘米，宽 9.4 厘米，叶柄浅紫色。肉质根长圆柱形，长 13 厘米，横径 3.6 厘米，地上部皮色为粉色，地下部为白色，单根重 84 克左右。中熟品种，耐寒性强，耐贮性中等，耐旱、耐热性较弱，生长期 55 天。

味微甜,辣味较淡,口感脆嫩,水分较多,适于鲜食和腌渍。适于春季种植,在哈尔滨地区于4月中下旬露地直播,行距15厘米,株距10厘米,6月中旬收获。每667平方米产量约2 150千克。

(3)大连小五缨 辽宁省大连市农家品种,栽培历史悠久。在大连市及附近各县均有栽培。叶丛半直立,开展度20厘米左右,株高20厘米,板叶,全缘。叶片长30厘米,宽7厘米,叶片绿色,叶柄紫红色。肉质根短圆锥形,长15厘米,横径4厘米,外皮粉红色,顶部紫红色,肉白色。单根重约65克。适合春季栽培,早熟,从播种至收获45~50天。耐贮性弱,抗病性中等。口感脆嫩,水分较多,风味淡,品质较好,适于生、熟食。大连地区一般于3月中下旬播种,行距20厘米,株距12~15厘米,应注意早间苗、定苗。加强肥水管理,注意防治蚜虫及地蛆,5月上中旬收获。每667平方米产量约1 500千克。

(4)延边小白萝卜 吉林省延边地区农家品种,已有60多年栽培历史。叶丛半直立,花叶,长倒卵圆形,绿色。叶柄浅紫色。肉质根长6厘米,横径3厘米,短圆柱形,皮白色。平均单根重200克,适合秋季栽培,早熟,从播种至收获70天左右。耐寒性强,抗病毒病能力强。肉质根风味微甜,肉质脆嫩,水分中等,品质好,适宜腌渍和生食。延边地区7月下旬至8月上旬播种,垄作或畦作,撒播或条播。8月下旬定苗,行距20厘米,株距10厘米,8月下旬至9月上旬灌药防地蛆,10月上旬收获。每667平方米产量667~1 000千克。

(5)辽阳大红袍 辽宁省辽阳市农家品种,栽培历史悠久,辽阳市及附近各县均有栽培。叶丛半直立,株高30~35厘米,开展度50厘米左右。花叶,裂刻深,有裂片6~8对。

叶长 25 厘米,叶宽 7 厘米,叶深绿色,叶柄红色。肉质根近圆形,纵径 18 厘米,横径 15 厘米,皮淡红色,肉白色。单根重 700 克左右。适于秋季栽培,中熟,从播种至收获 80～90 天,耐热、耐旱、耐寒、耐涝性中等。肉质较脆,水分中等,微辣,品质较好,适于生食、腌渍。辽宁省辽阳地区一般于 7 月中旬播种,行距 55 厘米,株距 33 厘米,前期注意适当蹲苗,肉质根膨大期加强肥水管理,注意防蚜、防地蛆,10 月中旬收获。每 667 平方米产量 2 333～3 000 千克。

（6）王兆红大萝卜 黑龙江省哈尔滨市农家品种,经黑龙江省农业科学院园艺研究所系选后推广,分布于全省各地,在内蒙古、吉林均有较大面积种植,是黑龙江省主栽品种。叶丛平展,花叶,深裂,叶绿色,叶片长 15～30 厘米,宽 10～18 厘米,叶柄紫红色。肉质根近圆形,纵径 10～15 厘米,横径 10～15 厘米,根地上部与地下部均为红色,肉白色,单根重 1～2 千克,最大单根重 4 千克。夏、秋季生长,中晚熟,从播种至收获 85～90 天。耐寒性、耐热性强,耐旱性中等,耐涝性中等,耐贮性强,抗病毒病能力强。肉质致密,味稍甜,水分中等,品质好,适于熟食、干制。哈尔滨地区一般于 7 月上中旬播种,垄作,行距 60～70 厘米,株距 30 厘米,10 月上旬收获。每 667 平方米产量 2 700～3 330 千克。

（7）吉林磨盘萝卜 吉林省吉林市农家品种,有 70 多年栽培历史,长春、吉林地区均有栽培。叶丛平展,植株生长势强,花叶,叶柄浅紫红色。肉质根长 7～9 厘米,横径 12～17 厘米,扁圆形,根皮粉红色,肉白色。平均单根重 1～1.5 千克。适合秋季栽培,晚熟,从播种至收获 90～100 天。耐寒性强,耐贮性强,抗病毒病能力弱。肉质致密,味稍辣,水分少,品质好,适于熟食。吉林省吉林地区一般于 7 月 15 日至 20

日播种,垄作,穴播,行距 60 厘米,株距 30～35 厘米,8 月下旬至 9 月上旬注意防地蛆,10 月中旬收获。每 667 平方米产量 1 667～2 000 千克。

3. 华东地区萝卜栽培季节和茬口适宜种植的优良品种

该地区主要包括安徽南部、江苏南部、江西、湖北、浙江、上海等省(直辖市)。整个地区属于暖温带和亚热带季风性湿润气候,雨量适中,四季分明,该地区传统品种和新育成的品种都较多,在全国萝卜生产中有举足轻重的地位。安徽、浙江的山地主要在皖西和浙西,这两个省有淮河平原、皖中平原、黄淮平原、江淮平原、滨海平原、长江三角洲平原等,上海市的高地仅占总面积的 4%。整个地区气候温暖湿润,萝卜品种类型较多,生长季节较长。杭州的大缨洋红萝卜可露地越冬。萝卜多为白皮白肉。

(1)红皮四季萝卜 湖北省农家品种。叶椭圆形,叶柄淡红色。肉质根圆球形,长 7.5 厘米,横径约 6.6 厘米。皮洋红色,肉白色,味微甜,可生食、熟食、干制及腌渍。本品种可周年播种。从播种至收获 60～65 天。

(2)扬花萝卜 江苏南京农家品种。肉质根为圆球形或扁圆形,长 2 厘米,横径约 2.3 厘米。皮鲜红色,肉白色,收获时有叶 5～7 片。2 月份播种,50～60 天可收获,在 4 月上旬(清明)播种,经 25～30 天即可收获。每 667 平方米产量 400～800 千克。

(3)上海小红萝卜 上海地方品种。肉质根扁圆形,皮呈玫瑰红色,根尾白色,味甜脆嫩。叶柄细而短,叶丛直立,裂叶,叶片淡绿色。在上海 2 月上旬(立春后 5 天)播种,4 月上旬(清明)始收,5 月上旬(立夏)盛收,6 月上旬(芒种)收完。生长期 45 天左右。每 667 平方米产量 800～1 000 千克。

（4）黄州萝卜　湖北黄冈农家品种。肉质根长圆形，根皮白色，微带淡紫，头部稍淡绿色。单根重2 000～3 000克。纤维少，汁多而脆，不辣，品质佳，宜炒、煮食。耐寒，也较耐肥和耐旱，不耐涝，易糠心。武汉地区于8月下旬播种，11月下旬开始收获，生长期100天左右。每667平方米产量6 000千克。

（5）冬春1号　湖北武汉市蔬菜科学研究所育成的杂种一代。花叶，深绿色，主脉绿色，每株叶片数27～28片，株高约50厘米，开展度30厘米。肉质根圆锥形，长26～27厘米，出土部分6～7厘米，横径8～9厘米，肩淡黄色，入土部分为白色，肉质细嫩，耐寒性强，抽薹晚。于10月下旬播种，翌年3月中下旬收获，薹高15～20厘米仍不糠心。生育期155天。

（6）夏抗40天　湖北武汉市蔬菜科学研究所育成的杂种一代。板叶，主脉淡绿色，每株叶片21片，株高40厘米，开展度58厘米。肉质根长圆柱形，长20～25厘米，横径5～7厘米，出土部分10～13厘米，皮白色，肉白色，品质好，7月中旬播种，40天上市的每667平方米产量约1 500千克；45天上市的每667平方米产量约2 250千克；50天上市的每667平方米产量约3 000千克。较耐病毒病，适应性强。

（7）中秋红萝卜　江苏南京农学院育成的耐热品种。株高45～55厘米，开展度50～60厘米，花叶，叶柄淡红色，有叶14片左右，叶丛直立；肉质根圆柱形，根长20厘米左右，横径约8厘米，皮呈鲜红色，肉为白色，肉质根的可溶性固形物含量4.5％左右，干物质含量8％～9％，味微甜，不易糠心，商品性好。耐热，抗病毒病，夏季生长良好，生长期70～75天，单根重250克左右。每667平方米产量3 000～3 500千克。也适于早秋和秋冬栽培，株行距25厘米×25厘米，生长期70天左右，产量高，品质好。

4. 华南地区萝卜栽培季节和茬口适宜种植的优良品种

该地区包括广东、广西、海南、福建及台湾5个省(自治区)，地形以丘陵为主，约占土地总面积的90%，平原仅占10%，丘陵、山地、平原交错分布，耕地多集中于平原、盆地和台地上。该地区的福建、广西、广东北部和台湾东北部属于亚热带湿润季风气候，海南、广东中南部和台湾省西南部属于热带湿润季风气候。气候高温多雨，夏长冬暖，年平均日照1 600～2 200小时。昼夜温差小，一般温差在10℃以内；霜雪少，除部分山区外，大部分地区全年无霜冻、无霜期。萝卜在华南地区栽培历史悠久，可以周年生产均衡供应，品种多样，品质优良，除熟食外，还可大量加工成萝卜丝(干)以及蒜萝卜等，外销到世界各地，成为华南地区出口创汇的主要蔬菜之一。

(1)福州芙蓉萝卜　福建省福州市郊区农家品种。主要分布在福州市郊区、闽侯县和长乐县等地。叶丛半直立，花叶，浅裂刻，叶绿色，叶柄浅绿，有细茸毛，叶长45厘米，宽15厘米。肉质根长卵圆形，长20厘米，横径8厘米，成熟时露出地面6.5～10厘米，地上部皮紫红色，地下部皮白色，单根重0.25～0.4千克。中晚熟，从播种至收获100～120天。耐热、耐寒、耐旱性中等，耐贮性弱。肉质致密，水分含量多，味甜脆嫩，品质好，宜熟食。福州地区于9月上旬至11月上旬播种，行距26厘米，株距25厘米，12月中旬至翌年2月份采收。每667平方米产量2 000千克左右。

(2)龙岩酒瓢底萝卜　福建省龙岩市农家品种。主要分布在龙岩郊区、永定和漳平等地。叶丛半直立，花叶，深裂刻，叶绿色，叶长46厘米，宽14厘米。肉质根圆锥形，长18厘米，横径9厘米，成熟时不露出地面，皮肉皆白色，单根重约0.5千克。早熟，从播种至收获60～70天。耐热性强，耐寒性弱。肉质致密,水分含量多,味甜脆嫩,品质好,宜熟食。福州龙岩地区于 7 月至 10 月中旬播种,行距 28 厘米,株距 26 厘米,9 月下旬至 12 月中旬采收。一般每 667 平方米产量 1 500 千克左右。

（3）白沙短叶 13 号早萝卜　广东省汕头市白沙蔬菜原种研究所育成的新品种,1990 年通过全国农作物品种审定委员会审定。叶丛半直立,株高 38～45 厘米,叶片呈倒卵形、汤匙状,叶长 18～25 厘米,宽 7～12 厘米,叶色浓绿,叶缘全缘,无茸毛。肉质根呈长圆柱形,长 28～34 厘米,横径 4～6.5 厘米,皮肉皆白色,表皮平滑,根痕少,入土部分占 30%～40%,单根重 0.2～0.6 千克。品质好,肉质致密多汁,味甜。早熟,耐高温高湿能力强,较抗霜霉病及病毒病,适合于微酸至中性的沙质土或砂壤土种植。月平均气温 28℃ 下仍能正常生长。华南地区适播期为 6～9 月份,穴播时穴距 18～20 厘米,行距 25～30 厘米;条播时行距 30～35 厘米。播种至采收 40～50 天。夏播每 667 平方米产量 1 200～1 500 千克;秋播每 667 平方米产量 2 500～3 000 千克,高产的可达 5 000 千克。

（4）白沙南畔洲晚萝卜　广东省汕头市白沙蔬菜原种研究所选育而成,1998 年通过广东省农作物品种审定委员认定。叶丛半直立,株高 60 厘米,大头羽状裂叶,叶色深绿,有茸毛。肉质根长圆柱形,长 30～35 厘米,横径 6.5～8 厘米,单根重 1～1.5 千克。皮肉皆白色。表皮平滑,耐糠心,品质优良,质脆、味甜、纤维少,熟食或腌制加工均可,菜脯成品率为 16%。中晚熟,适应性广,抗逆性强,耐抽薹。华南沿海地区于 9～12 月份种植,11 月份至翌年 4 月中旬采收。穴播时穴距 25 厘米,行距 30～33 厘米。播种至收获 60～80 天,每667 平方米产量 4 000～5 000 千克。

（5）宜夏萝卜　福建省福州市蔬菜研究所于20世纪70年代选育的品种。主要分布在福州市郊区、闽侯县和长乐县等地。叶丛直立，株高35厘米，板叶，无裂刻，叶面光滑，绿色，倒卵圆形，叶长30厘米，宽11厘米，叶柄浅绿色。肉质根长纺锤形，长10～15厘米，横径5～7厘米，成熟时露出地面3～5厘米，皮和肉白色，单根重约0.2千克。极早熟，播种至收获45天。适应性强，耐热，耐涝性中等，不耐寒。肉质根松脆，味辣，水分含量多，品质好，宜熟食。福州地区于6月中旬至7月中旬播种，行距25厘米，株距20厘米，8月上旬至9月上旬采收。一般每667平方米产量1 000千克左右。

5. 西南地区萝卜栽培季节和茬口适宜种植的优良品种

该地区包括云南、贵州、四川、重庆、西藏5个省（自治区、直辖市）。该地区地形复杂，以山地为主，其次是丘陵，最大的为成都平原。山地、丘陵面积大，大部分土壤属红壤和黄壤，土层薄、肥力低。该地区复杂多样的自然生态条件孕育了丰富的萝卜品种资源，既有大型品种又有小型品种；就肉质根形状看，既有长圆柱形及短圆柱形，又有圆球形或扁圆形；根皮色有红、浅红、浅绿、半绿半白或白色等；肉色有绿、白、红或紫红等。品种的来源可分为本地地方农家品种，地方选育品种及引进品种。

（1）云南半截红萝卜　云南省昆明市农家品种，分布在昆明、曲靖、玉溪等市。叶丛较直立，花叶，全裂，叶绿色，叶长49厘米，宽16厘米，叶柄紫红色。肉质根长圆柱形，长16厘米，横径约7.2厘米，地上部皮粉红色，地下部皮白色，肉白色，单根重约0.54千克。早熟，从播种至收获70天。耐寒性弱，耐热性中等，耐涝性较强，抗花叶病和黑腐病中等。肉质根致密、硬，味微辣，水分含量中等，品质较差，用以熟食、腌制。播种期5～7月份,株距25厘米,行距30厘米,7～10月份收获。每667平方米产量3500～4000千克。

(2)成都春不老　四川省成都市农家品种,已栽培多年,雅安等市分布较多。叶丛较直立,板叶,叶片倒披针形,叶面微皱,微反卷,全缘,深绿色,中肋绿色。肉质根长近圆球形,纵径13厘米,横径约11厘米,皮绿色,入土部白色,肉白色,肉质根入土约1/2,单根重1千克。晚熟,从播种至收获130～150天。生长势强,耐寒力较强。肉质根质地致密,脆嫩,多汁,味微甜,不易糠心,品质佳,主要供鲜食。雅安地区9月下旬至10月上旬播种,株距27厘米,行距33厘米,翌年1月下旬至2月份收获。每667平方米产量3800千克。

(3)泸州砂锅底　四川省泸州市农家品种,栽培历史50多年,泸州市郊栽培较多。叶丛半直立,板叶,叶片长卵圆形,叶缘上部波状,下部锯齿状,绿色,中肋浅绿色。肉质根卵圆球形,纵径17厘米,横径约15厘米,皮肉白色,肉质根入土约1/2,单根重约1千克。中晚熟,从播种至收获100天左右。适于晚播。抗病毒。肉质根质地致密,脆嫩,味微甜,主要供鲜食,也可加工成蜜饯。四川省泸州地区于9月下旬至10月上旬播种,行距35厘米,株距35厘米,12月份收获。每667平方米产量2000～2200千克。

(4)涪陵中坝萝卜　重庆市涪陵农家品种,已栽培多年,重庆市涪陵地区长江沿岸栽培较多。叶丛较直立,花叶,倒卵圆形,大头羽状全裂,裂片9对,绿色,叶柄和中肋浅绿色。肉质根圆柱形,长21厘米,横径约12厘米,皮肉白色,肉质根入土约1/5,单根重约1.1千克。中晚熟,从播种至收获100天。较耐旱,不耐涝。肉质根质地致密,脆嫩,味微甜,汁多,主要供鲜食或加工蜜饯。重庆地区于9月上旬播种,行、株距各 46 厘米,中耕除草时结合培土,防止肉质根弯曲。12 月份收获。每 667 平方米产量 2 300～3 000 千克。

(5)云南水萝卜 云南省农家品种,分布于昆明、玉溪、通海、建水、弥席、思茅等市、县。叶丛半直立,板叶,无裂刻,叶深绿色,叶长 55 厘米,宽 16 厘米,叶柄浅紫红色。肉质根长圆柱形,长 27 厘米,横径约 8 厘米,地上部皮浅绿色,地下部白色,肉白色,肉质根入土约 2/3,单根重 1.6 千克左右。中熟,从播种至收获 80～100 天。耐寒性中等,耐涝性较强,耐旱性弱,中抗花叶病及黑腐病。肉质致密,味甜微辣,肉质脆嫩,水分含量中等,主要供生、熟食,也可腌制、干制。云南昆明等地于 6～9 月份播种,点播,株距 45 厘米,行距 40 厘米,8 月份至翌年 2 月份收获。每 667 平方米产量 4 000 千克左右。

(6)贵州青头萝卜 贵州省农家品种,贵州大部分地区都有分布。叶丛较直立,花叶全裂,叶色深绿,叶长 33 厘米,宽 13 厘米,叶柄浅绿色。肉质根长圆柱形,长 21～28 厘米,横径 9.5 厘米,肉质根地上部长 11 厘米,地上部皮绿色,地下部分白色,肉质白色,单根重 1.5 千克左右。中晚熟,从播种至收获 90～110 天。抗逆性较强。肉质致密,味甜,水分多,口感脆嫩,品质好,生、熟食及腌制均可。贵州各地于 8 月份播种,株、行距各 45 厘米,10 月份收获。每 667 平方米产量 4 300 千克左右。

(7)万萝 1 号 重庆三峡农业科学研究所选育的杂种一代,叶丛半直立,生长势强,整齐一致,株高 36～42 厘米,开展度 60～64 厘米,板叶型,叶色深绿,叶片数 17～23 片。肉质根近圆形,根形指数 1,皮肉皆白色,单根重 1 千克以上。不易糠心裂口。生食脆嫩,无辛辣味和苦味,熟食味甜、无渣。耐热,在炎热的气候条件下几乎不发生病毒病,肉质根能正常膨大。海拔 600 米以下的地区,于 7 月下旬至 8 月上旬播种,60~65 天采收;海拔 600~900 米的地区,7 月上中旬播种,50~55 天采收。每 667 平方米产量 2 500 千克左右,高产可达 5 000 千克以上。

(8)春秋红水萝卜 四川省成都市科技人员根据春淡季的市场需要,利用原成都地方品种"枇杷缨萝卜"进行系统选育而成的早春耐抽薹品种。叶片深绿色,呈枇杷叶形,叶柄和叶脉红色。肉质根长圆柱形,长 20~25 厘米,横径 3 厘米左右,皮色鲜红,肉质根下部有少许皮色淡红或白色,肉白色,肉质细腻。早熟,抗逆性及耐热性较强,不易抽薹、糠心,春、秋两季均可种植。春播 2~4 月份,成都地区春分前播种必须用小拱棚覆盖栽培,覆盖 30 天以上,防止抽薹;秋播 8~9 月份,定苗株、行距 15 厘米×25 厘米,生长期 45~60 天。一般每667 平方米产量 2 000~3 000 千克。

(9)泸优 2 号白萝卜 四川省农业科学研究院水稻高粱研究所从三月萝卜的天然变异株中系统选育而成。植株生长势强,叶丛直立,株高 61 厘米,花叶,叶表面有蜡质和茸毛,叶深绿。肉质根圆球形,纵径约 8.8 厘米,横径约 7.6 厘米,单根重 0.5~0.8 千克,最大可达 1.5 千克。水分含量中等,生食甜脆多汁,微辣。早熟,适于春播或秋播,播种至收获约 60天。一般每 667 平方米产量 1 500~2 250 千克。

二、萝卜种子标准化生产技术

(一)萝卜良种繁育技术

1. 萝卜的采种方式 萝卜为异花授粉作物,杂交频率极高,所以在留种时,须采取严格的隔离措施,一般必须有宽 1 500~2 000 米的隔离带。萝卜的采种方法主要有成株采种法、半成株采种法和小株采种法3种。生产上一般采用成株采种繁殖原种、半成株采种和小株采种繁殖生产用种,使三者有机地结合,既能保持和提高品种的种性,又能降低种子的生产成本。

(1)成株采种 也叫大株采种法。按萝卜生产的正常播种时间,在肉质根收获季节,在留种田或生产田中进行人工选择,选择具有本品种典型性状的成株留种。在北方,收获时选择具有本品种特性、无病虫害、肉质根大而叶簇相对较少、表皮光滑、色泽好、根尾细的作种株(母株)。种株需经过冬季低温贮藏,翌年春天定植到露地或保护地中采种;在南方,种株直接定植于采种田中越冬,翌年春天采种。成株采种是在植株充分生长、品种性状得到充分表现的基础上进行人工选择的,这对于保持和提高品种的种性有利;但由于播期早,占地时间长,苗期高温多雨,病虫害较重,种株生活力弱,采种量较少,生产成本较高,因此主要用于原原种、原种的采种。秋冬萝卜一般采用此法采种。

(2)半成株采种 比成株采种晚播1~3周,躲过前期的高温多雨,种株生长期间病虫害轻,具有较强的生活力,种株采种量较多,生产成本较低,但由于种株肉质收获贮藏时,生长期较短,品种性状未得到充分的表现,选择效果要比成株采种差。主要用于繁殖生产用种或原种(只繁育1个世代)。

(3)小株采种 又称当年直播法。早春播于阳畦或风障前及化冻的露地顶凌播种,即将萌动的种子置于1℃~3℃的低温中,根据品种对春化反应的强弱,分别处理2~4周,再播种于露地,种株在春末夏初抽薹、开花、结实。其优点是生育期短,省工、省地,适于密植,种子产量高,成本低;缺点是不能对种株的经济性状进行很好的选择,连年应用小株采种法会引起种性退化。

2. 秋冬萝卜成株采种法 秋冬萝卜种株栽培是在秋季按萝卜生产的正常时间进行播种,入冬时结合收获萝卜进行株选,翌年早春定植露地进行采种的一种方式。以下分种株栽培、种株选择、种株贮存越冬、种株定植与管理及采种等几个环节介绍。

(1)种株的栽培

①地块选择 选择疏松、通透性好的砂壤土、壤土或黏壤土,土壤富含有机质,保水、保肥,便于排灌有利于肉质根充分生长的地块栽培,以表现出本品种的典型特征,使种株选择更加准确、可靠。

②整地、施肥 萝卜生长要求土层深、土质疏松。因此,播种前整地要精细,要求做到深翻、整平、施肥均匀,这样才能保证苗全、苗壮,有利于肉质根的生长。土块太大、土地不平、种子入土深度不均匀会造成出苗不齐。秋冬萝卜的生长期较长,需要的养分较多,故在整地的同时要施足基肥。为了给肉质根的生长创造适宜的土壤条件,大、小型萝卜多采用高畦栽培。起垄栽培不仅可使土质疏松,增加耕层深,而且通风透光,增大昼夜温差,改善田间通气状况,减少病虫害传播,也有利于雨季排水防涝及灌溉。

③播种 适期播种,播种期的选择应按照采种品种的生物学特性进行,根据萝卜各生育期安排在适宜生长的季节里,尤其是肉质根膨大时期温度要适宜,才能使之充分膨大。成株采种时播种时期很重要,如果播种过早,秧苗长期处于高温干旱或高温高湿的环境,容易发生病虫害,肉质根顶部开裂,

心部发黑,不能充分表现本品种的特性,而且贮藏越冬时易烂根。播种太晚,萝卜生长季节缩短,肉质根不能充分膨大,不能充分表现本品种的特性。所以,早熟品种宜适当早播。秋冬萝卜播种期,土温在25℃左右时,2～3天发芽,发芽时幼苗生长迅速,有利于以后的生长。若发芽天数多,表示播种不适或土壤条件不良,则会影响以后的苗齐、苗壮。播种后,如果土壤干旱应及时浇水,播后4～5天进行查苗,发现缺苗,应抓紧补种,以保证全苗。

合理密植是达到充分利用环境条件、增加株数的有效方法。萝卜都采用直播:大型品种点播,中型品种条播,小型品种撒播。大型萝卜点播的行距为40～50厘米,株距40厘米;起垄栽培时,行距为54～60厘米,株距27～30厘米。点播,每穴播种5～7粒种子,每667平方米播种量为300～500克;条播,每667平方米播种量为500～750克;撒播,每667平方米播种量为1～1.5千克。

播种深度以2～3厘米为宜,这是因为萝卜种子在发芽时子叶出土,若播种过深,子叶出土前要消耗大量的营养物质;若覆土过浅,种子容易干燥,影响出苗,即使能够出土的幼苗,也会因根系浅,容易倒伏,胚轴弯曲,致使肉质根形状弯曲。

④田间管理　萝卜播种后,须适时适度地进行间苗、浇水、追肥、中耕除草、防治病虫害等一系列工作,其目的是为了很好地控制地上部与地下部生长的平衡,使前期根叶并茂,为后期光合产物的积累和肉质根的肥大打好基础。

一是及时间苗,幼苗出土后生长迅速,为了防止拥挤、遮荫而引起徒长,应早间苗、分次间苗、适时定苗,保证苗齐壮。

二是合理浇水。秋冬萝卜的叶面积大,蒸发量大,肉质根的水分含量高,须供给足够的水分。

三是分期追肥。追肥要和浇水结合进行。秋冬萝卜属大型或中型品种，生长期较长，需肥量很大，播前施用的基肥应能满足整个生长期的需要。如果基肥不足、地力差，要注意追肥，才能提高产量。

四是中耕除草及培土。苗期气候炎热、雨水多，容易丛生杂草，须经常进行中耕除草。

(2)种株的收获与株选　秋冬萝卜的收获和株选期，可根据当地的气候条件、品种、播种期确定。总的原则应该是及时采收，早熟品种收迟容易糠心，而且易受冻；晚熟且根部大部分露在地上的品种，要在霜冻前及时采收，以免受冻。

①单株选择法　于肉质根收获季节，在留种田或生产田中进行。根据选种目标，选择具有原品种典型性状、叶簇小而肉质根大、开头正、皮光色鲜、根头部小、须根少、根尾细、肉质致密、侧芽未萌动、未糠心的优良单株，有的还需对根肉色泽（如心里美）、可溶性固形物的多少、味的甜辣进行选择，可用打孔器取出部分根肉观察、测定及品尝，严格淘汰糠心、黑心、病烂及抽薹的种根。对入选的单株分别编号、分别贮藏、分别隔离授粉、分别采收种子，各单株种子不得混合，以后每一单株后代各播种 1 个小区，以品种为对照，进行株系间比较，从中选出性状基本稳定、符合选种目标的株系留种；各种系间进行隔离，株系内混合授粉、混合采种。

②混合选择法　于肉质根收获季节，在留种田或生产田中进行，选择符合选种目标、性状相似的单株混合留种，混合贮藏，混合授粉（须注意与其他品种隔离），混合采种。对选定的后代，与原品种及当地主栽品种（对照）进行对比试验，选出符合选种目标、综合性状超过对照的后代，直接应用于生产，并且以后还可继续进行多代混合选择。此法比较简单省工，

有一定的选纯复壮效果,并能在短时间内应用于生产;但从遗传上分析,此法属于表现型选择法,优良的显性基因性状虽得到了选择,但对于某些不良的隐性基因性状较难进行选择。因此,在稳定遗传性状方面不及单株选择法。

单株选择法和混合选择法各有利弊,为了克服各自的缺陷,两者可以结合,或先进行单株选择,然后进行混合选择;或先进行混合选择,然后进行单株选择,根据需要,灵活运用。

（3）种株的越冬

①露地越冬　在我国南方温暖地区,种株收获后,定植于采种田中露地越冬,翌年春天抽薹、开花、结实时进行采种。

②贮藏越冬　在我国北方寒冷地区,由于冬季低温冰冻,种株无法露地越冬,需将种根埋藏或窖藏,翌年春天定植于露地,于抽薹、开花、结实时进行采种。

影响萝卜种株贮藏越冬的因素较多,主要有以下几方面:

一是萝卜本身的贮藏特性。萝卜肉质根收获后没有生理休眠期,在贮藏中遇有适宜的条件便萌芽甚至抽薹,这样就使薄壁组织中的水分和养分生长点移动,长出叶和花薹。若过早发芽,因外界气温太低,不能移植露地,此时花薹和叶的生长消耗了肉质根内的水分和养分,严重影响以后的采种量及种子质量。

二是品种。萝卜的大部分品种都耐贮藏,但品种间也有差异。一般来说,以秋播的皮厚、质脆、含糖和水分多的晚熟品种为好,地上部比地下部长的品种以及各地选育的一代杂种耐贮性较高。青皮萝卜皮厚,干物质含量较高,含糖量较多,耐贮性较强,如北京的心里美、露八分,天津的卫青,济南的青圆脆等,不但耐贮性强,而且贮藏一段时间后,风味、品质更佳;白皮萝卜表皮薄,水分含量高,耐贮性较差;红皮萝卜贮藏性介于青皮萝卜和白皮萝卜之间。绝大多数小型早熟品种耐贮性都较差,只能作短期贮藏。

三是采前因素。采收期、栽培过程中的肥水管理等因素都直接或间接地影响着萝卜的耐贮性。萝卜的耐贮性能与肉质根的成熟度有关。播种过早、充分成熟、采收过晚的肉质根易发生糠心,不耐贮藏。生长发育期偏施氮肥会造成植株徒长,肉质根组织柔嫩,水分含量过高等,都会降低耐贮性。在栽培过程中,增施磷、钾肥,收获前适当控制浇水,有提高耐贮性的作用。

四是贮藏期的环境条件。控制适宜的环境条件是贮藏期的重要措施。在贮藏环境条件中,最主要的是温度,其次是湿度和气体条件。

(4)种株的定植和管理

①采种田的确定和准备　选择有隔离条件的地块,以防止生物学混杂。一般自然隔离距离,原种为2 000米,良种为1 000米以上。如无自然隔离条件,可采用保护地栽培,提前定植,提早开花结实,与露地品种进行花期隔离,或采用罩纱罩、套纸袋等办法隔离。

②定植时间　在我国南方,种根收获后,于冬初定植在采种田中露地越冬;在我国北方,种根收获经冬贮后,于翌年春天土壤化冻后定植到露地。华北等地在翌年春分前后,露地10厘米地温稳定在5℃以上时定植采种田。华北地区一般在3月中下旬定植,东北地区在4月中下旬定植。

③定植方法　大型品种的行、株距为70厘米×50厘米,中型品种为60厘米×40厘米,小型品种为50厘米×30厘米。定植深度,将种根全部埋入土中,根头部入土2厘米,以防止冻害。

④肥水管理　定植半个月后,种株嫩芽即可出土。出土后,随着气温逐渐上升,种株陆续抽薹开花。定植后,注意土壤湿度情况,若湿度大,可不浇水,以利于地温升高;若湿度小,可少浇水,及时中耕,切忌大水漫灌,影响地温的回升。种根发芽后,及时将土或马粪扒开,追施 1 次稀粪水。待抽薹叶片已充分展开后,每 667 平方米追施 1 次粪肥和硫酸钾 20 千克左右,并及时中耕。待种株开花后,要隔 5～7 天浇 1 次水,并每 667 平方米间隔施复合肥料 30 千克左右,此时以土壤见干见湿,地表不开裂为度。进入末花期以后,停止浇水,防止植株恋青,促进种子成熟。

⑤设立支柱和植株整枝摘心　为了防止种株倒伏,在抽薹期就要设立支柱,每株插一竹竿或插成篱架,把主枝绑在支柱上,待种株进入末花期后,要将枝条未开放的花蕾摘去,并将植株基部新抽生的侧枝及时剪去,使植株养分集中向种子输送。

⑥病虫害的防治　种株生长期间主要是蚜虫和霜霉病危害,需及时防治,否则会影响种子的产量和质量,特别是在抽薹后开花前,一定要及时彻底防治蚜虫,使虫口密度降到最低限度,以后进入开花期,则尽量不喷药,以免杀伤传粉的昆虫,影响种子的产量。盛花期过后,外界气温升高,蚜虫繁殖很快,霜霉病也跟着发生。此时除积极防治蚜虫外,还应在杀虫药中附加代森锌或退菌特等杀菌剂防治霜霉病,做到病虫兼治,以提高种子的产量和质量。病虫害的具体防治方法可参照本书第六章。

(5)种株的采收和脱粒　种荚黄熟后,要及时收获种株,防止鸟害和雨淋。收获种株时,还可以进行最后一次选种,选择结实率高,种根生长完好,不易糠心的种株进行单独留种。

萝卜种荚脱粒较为困难,可采用稻谷脱粒机将种株的干荚脱下,再把脱下的干荚装入水稻碾米机脱粒,可大大提高劳动效率。脱粒后,清除杂质,风干,包装,在冷凉干燥处贮藏备用。种子发芽力一般可维持 4～5 年。

(二)萝卜种子标准化生产一代杂种制种技术

萝卜一代杂种优势极为明显,通常在产量、品质、早熟性、抗逆性、贮运性、整齐度等方面的表现都优于亲本。一代杂种制种主要有利用自交不亲和系和雄性不育系两种方式。自交不亲和系每年都需通过蕾期自交或盐水处理保纯和繁殖亲本,加之萝卜单荚结籽少,每荚结籽 3～10 粒,不如大白菜和结球甘蓝结籽多(单荚结籽可高达 20 粒),配制一代杂种远比大白菜和结球甘蓝成本高,且费工费事,但目前仍是萝卜配制一代杂种的最主要方式。目前,我国利用萝卜雄性不育系列配制一代杂种也较为普遍,其具有杂交率高(几乎 100％),杂种优势强,保存和繁殖亲本及配制一代杂种操作较简便等优点。

萝卜杂交只靠昆虫传粉,所以,开花期晴天数、温度以及当地的昆虫数量和活动情况,均对杂交种子产量有重要的影响。

杂交种亲本的繁殖一般采用成株采种法,一代杂种种子的繁殖可以采用成株法,也可以采用半成株或小株采种法。它们的种株栽培过程基本与常规品种采种法相同。

1. 利用雄性不育系生产一代杂种种子

(1)亲本的保存及繁殖 亲本有雄性不育系、保持系及一代杂种的父本(品种或自交亲和系)。第一年秋天将 3 个亲本分别播种在各自的繁殖圃中,为了获得生活力较强的种株,避开苗期的高温多雨及病虫危害,播期可比大田生产晚 7～10 天。秋末冬初收获种根时,注意选优去劣,分别贮藏。第二年春天,将雄性不育系及其保持系定植到同一隔离区内,隔离距离 2 000 米以上。父母本的种植配比:父本(保持系):母本(不育系)=1∶3～4(根据父本产生的有效花粉量确定),可以隔行定植,使母本能充分地授粉,获得更多的种子。这样从雄性不育系(母本)种株上收获的种子仍为雄性不育系种子,从保持系上收获的仍为保持系。其中雄性不育系种子大部分可用于一代杂种繁殖时作母本,另一小部分继续用于雄性不育系的保存和繁殖。一代杂种的父本(品种或自交亲和系)种根,第二年春天需定植到另外一个隔离区内,隔离距离 2 000 米以上,这样从该隔离区的父本种株上就可收获到纯正的父本种子。

(2)一代杂种的制种

①大株采种　在秋季正常季节播种母本雄性不育系和父本,在秋末冬初分别选择雄性不育系和一代杂种的父本种根,第二年春天定植到同一隔离区内,与其他品种的隔离距离为 2 000 米以上,父母本种植配比,父本∶母本=1∶3～4(根据父本产生的有效花粉量确定),隔行或隔株定植,从母本(不育系)种株上收获的种子为一代杂种种子,从父本种株上收获的种子仍为父本种子。这样杂交圃可与上述父本繁殖圃相结合,省去一个父本繁殖圃。

一代杂种的制种如在良种繁育机构进行,则需由育种机构提供雄性不育系及一代杂种父本的种根或种子。若提供种根,将雄性不育系与父本定植到同一隔离区内,制种程序同上述方法;若提供种子,则需在第一年秋天将雄性不育系及父本分别播种在两个不同的亲本繁殖圃中,秋末冬初分别收获种根,分别贮藏,第二年春天将雄性不育系与一代杂种父本种根定植到同一隔离区内,从雄性不育系种株上收获一代杂种种子,从父本种株上收获父本种子。

②小株采种　小株采种有两种方式。

第一种是露地春播制种。选用肥水好、有隔离条件的地块作制种田,待土壤化冻后,施足基肥,如墒情不好,还需浇水造墒,然后再整地做畦播种。华北地区一般在3月上旬就可顶凌播种,父本行与母本行(不育系)之比,一般为1∶3～4,苗出齐后即可间苗,长至4～5片真叶时即可定苗,行株距则根据亲本植株的大小而定。种株抽薹后,需及时进行田间检查,如发现一亲本先抽薹,可摘去主枝上端花序,推迟花期,使双亲花期相遇。肥水管理应注意,前期土温低,对幼苗生长不利,可晚浇水,加强中耕松土保墒,提高地温。定苗后,需及时追肥浇水,开花期肥水不断,末花期停止追肥浇水,促使种荚及早成熟。露地春播制种,因前期温度低,种株生长慢,营养面积小,后期高温,开花结荚期短,一般种子产量低,质量也较差,所以应提倡育苗移栽制种。

第二种是春育苗移栽制种。春育苗可在阳畦、日光温室或塑料棚内进行。华北地区阳畦育苗可在1月份播种,苗床冬前经过充分的翻晒后,采用塑料钵、纸钵或营养土块育苗。营养土一般采用腐熟的马粪、草炭或厩肥6～8份,园土4～2份,适量的复合肥(约占营养土的0.3%)混合均匀配成。用营养土方育苗时,先将苗床整平、压实,再将配好的营养土平铺于床面,踩实,压平,浇水,待水渗下后切成5厘米×5厘米的土块,每一土块点播饱满种子1粒,覆盖细土1～2厘米厚,注意父母本一定要分床播种,父本的播种量为母本的1/3或1/4。若双亲花期不一致,还需调整播种期。1月份至2月中旬,外界气温很低,苗床要盖严,注意保温,少通风。2月中旬以后,床温随外界气温的升高而升高,需逐渐加强通风,白天床温维持在叶片生长的最适温度 15℃～20℃,夜间不低于0℃。定植前 2 周需加大通风量进行炼苗,直至将苗床全部打开,使幼苗完全适应外界气候的变化。在华北地区 3 月下旬就可开沟定植,父母本的行数比一般以 1∶3～4 为宜,行株距视亲本植株的大小而定,先刨坑,后栽苗。栽时注意保护土坨,以免伤害根系;浇足水后再封土,封土以不露土坨、不埋心叶为宜。如覆盖地膜,定植时间可适当提前几天,即把苗定植于沟底,沟背上覆盖地膜。苗在沟底的小气候条件下,温度高,生长快,待长至 8～9 片叶开始顶膜时,需及时破膜,防止烤伤,苗出膜后,在其基部需用土压住。定植时,覆盖地膜可提早抽薹开花,延长结荚期,有利于种子产量和质量的提高。

利用雄性不育系配制一代杂种,种株的田间管理基本上同常规品种。实践证明,一代杂种的优势大小取决于亲本的纯度,亲本的纯度越高,则杂种优质优势越大;亲本的纯度越低,则杂种优势越小。因此,利用雄性不育系配制一代杂种对亲本纯度要求极高。雄性不育系除了雄性不育这一性状外,其他性状应与保持系基本一致,保持系为自交多代的自交亲和系,因品种的纯度低于自交亲和系,最好选用自交亲和系。因此,在亲本的繁殖过程中,应严格设立隔离区和保证隔离条件,严防生物学混杂,并随时注意去杂、去劣和选留种株,以保持和提高亲本的纯度。为了提高一代杂种的种子产量,除加强亲本的田间管理外,应设法使双亲(不育系与父本)的盛花期相遇,以增加母本(不育系)的授粉机会,其可通过采取调节双亲的播种期、定植期、保护地栽培、春化处理以及摘除主枝的花序等措施实现。另外,还可在采种区内放养一定数量的蜜蜂,以增加传粉的机会,提高结实率。种株一定要分开收获,分开脱粒,分开贮藏,严防机械混杂。

2. 利用自交不亲和系生产一代杂种种子

(1)亲本的保存及繁殖　亲本有自交不亲和系、自交亲和系(或品种)。第一年秋天将亲本分别播种在各自的繁殖圃中,为了获得生活力较强的种株,避开苗期的高温多雨及病虫危害,播期可比大田生产晚 7～10 天。秋末冬初收获种根时,注意选优去劣,分别收获,分别贮藏。第二年春天,将双亲分别定植在不同的隔离区内,隔离距离 2 000 米以上。亲和系(品种)可使其充分地授粉,获得大量的自交亲和系(品种);自交不亲和系则在开花期用 0.4% 的食盐水处理,隔 1 天喷 1 次,以克服自交不亲和性,并要设法摇动花枝使花粉充分地落到柱头上进行自交,这样即可快速大量地繁殖自交不亲和系。但此法不能连续使用,繁殖自交不亲和系原种时仍应采用蕾期人工自交的方法,即在花蕾开放前 1～2 天,人工蕾期自交采种。人工蕾期自交因萝卜单荚种子数较少,繁殖的成本较高。一般是用人工蕾期自交繁殖亲本(自交不亲和系)的原种,而用盐水处理法快速繁殖亲本(自交不亲和系)。

(2)一代杂种的制种　组配方法有自交不亲和系×自交亲和系(品种)或自交不亲和系×自交不亲和系。由于采用第二种方法组配时,双亲植株上采得的种子均为杂种一代,杂交种的种子产量比第一种组配法高 1/4～1/3,是目前经常采用的方法。自交不亲和系×自交亲和系组配生产杂种一代时,是以自交不亲和系为母本,亲和系为父本,父母本的比例一般是 1∶3～4,从母本(自交不亲和系)上采得的种子即为杂种一代。而自交不亲和系×自交不亲和系组配生产杂种一代时,双亲比例为 1∶1,从双亲上采得的种子均为杂交种子。

利用自交不亲和系生产一代杂种种子的其他管理方法与利用雄性不育系生产杂种一代种子的方法相同。

(三)萝卜种子标准化生产的包装和贮藏

1. 种子的干燥　种子干燥是确保种子安全贮藏、延长种子使用年限的一项重要措施。种子通过适当的干燥处理,降低了含水量,从而可减弱内部生理生化过程的强度,减少营养物质的消耗,不仅能避免贮藏中发热、变质,还可延长种子的寿命。另外,种子干燥处理后,还能消灭或抑制仓库害虫及微生物的繁殖活动。目前,种子干燥主要有下述几种方法:

(1)自然风干　将种子置于通风、避雨的室内或敞篷内,令其自然干燥。此法主要用于量小、怕阳光晒的种子(如甜椒种子),以及植株已干燥的种果或种粒,达到安全贮藏的目的。

种子干燥的快慢与空气相对湿度和种子本身的结构、内含物的性质等因素有关。如果将种子置于温度较高,空气相对湿度低,风速大,种子与空气接触面大的环境下,则干燥速度快,反之就慢。种子(有些种子在植物学上属于果实)表面疏松,有较多毛细管空隙,种子小或形状不规则等,比较容易干燥。反之,种子表面有蜡质层,毛细管小,胚乳或子叶蛋白质含量高,种子大或形状规则,则比较难干燥。

(2)日光干燥　该法是普遍采用的一种干燥方法,利用太阳的辐射热,使种子温度上升,加快水分的扩散和蒸发,从而使种子干燥。但须注意:一是小粒种子或种子数量较少时,可将种子放在帆布、芦席上晾晒,午后再摊开晾晒。而不要将种子直接摊在水泥晒场上或盛入金属容器中置于阳光下暴晒,以免温度过高烫伤种子。二是在水泥场上晒大量种子时,不要摊得太薄,并注意经常翻动;午间阳光过强时,应将种子堆积或加厚晒层,午后可再摊薄晾晒。三是晾晒过程中如果遇雨,则应在雨前将种子堆积收好防雨;如果种子湿度较大则最好不要堆积,以免种子发热变质,遇此情况,可将种子移入室内摊开,待天晴后再晒。

(3)冷风干燥 也称为"通风干燥"。该法是利用送风机将干燥的冷风吹入种子堆中,将水分和热量带走,使种子降温、变干。土法是将种子摊在细网上,网下用电动机带动风扇由下向上吹风,可使种子风干。由于空气相对湿度一般不是很低,故此法只能稍加干燥。全部机械化的冷风干燥机能够产生空气相对湿度30%以下、温度在38℃以下的干燥凉风,干燥效果十分理想。

(4)红外线干燥 该法是用以红外线为热源的烘干机烘干种子。这种烘干机不仅避免了烘焦种子和干湿不均的弊病,而且还能灭菌,具有效率高、成本低等特点,与日光干燥相比,种子的发芽率有所提高。

(5)干燥剂干燥 该法是将种子与干燥剂按一定比例同时放入密闭容器中,依靠干燥剂能够吸收种子水分的特性而使种子干燥。优点是安全,干燥效果好,但只能用于少量种子的干燥。常用的固体干燥剂有氯化钙、硅胶、生石灰、活性氧化铝以及晒干的木炭等。

2. 种子包装 在种子贮藏、运输、销售过程中,为了防止品种混杂、变质和感染病虫害,保持种子旺盛的生命力,对种子应进行适当的包装。

(1)包装的基本要求 包装的种子含水量和净度应符合标准;包装容器必须防潮、无毒、不易破裂、重量较轻;要根据蔬菜种类、生产上的用种量,确定大小不同的包装规格,便于销售和使用;包装容器上应加印或粘贴标签,注明作物和品种名称、采种年月、种子质量指标、种子数量及栽培要点等。

(2)包装材料 目前广泛应用的包装材料有麻袋、布袋、多层纸袋、铁皮罐、聚乙烯铝箔复合袋及聚乙烯袋等。麻袋、布袋主要用于大量种子短期贮藏或运输时的包装。铁皮罐适于少量种子的包装或大量种子的小包装,或长期贮存、销售,适于短命种子和价格昂贵种子的包装。纸袋、聚乙烯铝箔复合袋、聚乙烯袋主要用于种子零售的小包装。

(3)封入密闭容器时种子的最高含水量　封入密闭容器长期贮存的种子,应将种子的含水量降低才能安全贮存。萝卜种子封入密闭容器时最高含水量为5%。

3. 种子贮藏　种子在贮藏过程中生活力降低甚至丧失有多方面原因,主要是以下几点:其一,种子是活体,在贮藏中还保持着微弱的生命活动(主要是呼吸作用)。这样种子里所贮藏的营养会被逐渐消耗,参与生命活动的酶活性会逐渐减弱,代谢中产生的某些有毒物质也会逐渐积累。因此,种胚的生命力也就逐渐降低,甚至丧失,从而失去发芽力。其二,与种子贮藏有关的环境因素是温度、湿度和气体。这三者都是通过影响种子的呼吸而起作用。种子若处于高温、高湿和有氧的条件下,其呼吸作用旺盛,贮藏的营养被迅速分解消耗,并产生大量的热,造成种子变质霉烂。如果种子处于高温、高湿和缺氧的条件下,种子被迫进行较强的无氧呼吸,有毒物质迅速积累,导致种子中毒而失去发芽力。以上过程中,种子本身的含水量和贮藏环境中的湿度起主导作用。种子含水量高,或仓库潮湿,是缩短种子寿命的主要原因。其三,种子在贮藏中,表面看来似乎与周围其他生物不存在任何关系,事实上,每粒种子的周围都附着很多微生物甚至虫卵。如果贮藏环境对种子不利而对微生物活动有利,微生物就会侵害种子,加快霉烂变质的速度。仓库害虫一旦猖獗,也会直接伤害种子。综上所述,要安全贮藏种子,关键在于把种子的呼吸作用抑制到最低限度,使种子在贮藏中始终保持"干、冷、净"的状态。

（1）大量种子的贮藏

①仓库的修建与清理　仓库要建在地势高燥、排水通风良好的地方。仓库在结构上应具有保温绝热、防雨、防潮、防鼠等特点。有良好的通风和密闭设施。仓库应附设小型种子检验室，配备防火器材。库内严禁存放化肥、农药、农具及其他物品。仓库四周要清除杂草、草堆、垃圾，填平水坑，使老鼠和害虫无藏身之处。

种子入库前，要先清理仓库，将所有杂物清理干净。清扫后的仓库及用具可用氰戊菊酯（速灭杀丁）、敌敌畏等溶液喷洒，消灭残留的害虫。已经使用过的仓库，需做好壁面修补、填缝粉刷等工作。

②种子入库　入库的种子要符合质量标准。大型种子仓库多采用袋装，应分种类、分品种堆垛，每垛种子下面要垫木架或方木，种子垛要离开墙壁 0.5 米，垛与垛之间留出 0.6 米宽的走道。这样既利于通风，也便于检查和取用种子。每垛及每袋种子都要放上标签或挂牌，以便于查找，严防错乱。

③仓库管理　仓库管理的任务是保持或降低种子的含水量及仓库温度，减少种子的代谢活动，控制仓库害虫的危害，抑制微生物的活动，从而达到安全贮藏，延长种子使用年限的目的。要搞好仓库管理，应注意以下几项：

其一，通风与密闭。通风和密闭是仓库管理的重要内容。通风是为了降温、散湿和进行气体交流。如果种子入库时水分含量较高，应选择低湿天气进行大通风。高温入库的种子，须选择低湿天气进行通风；仓库内的温度、相对湿度高于外界气温和相对湿度时，要及时进行大通风。反之，高温、多湿的季节或天气，仓库内温度、湿度低于外界时，或入库种子水分低于安全贮藏的水分标准而库内湿度又不高时,则应将仓库密闭。

其二,种子温度检查。种子温度检查一般采用每层3点法,即在种子垛的每层均匀地选取3袋,由袋口插入长柄温度计进行定点检查。层间各点要错开位置,使测出的温度有代表性。新入库的种子,尤其是种子含水量超过标准的种子,应勤检查,最好3～5天检查1次,冬春季节,种子的含水量在安全标准以下时,可每月检查1次;其他时间10～15天检查1次。检查中如发现种子温度升高并超过库内气温时,应立即采取晾晒、通风等措施,防止种子受损。

其三,种子检验。种子入库前应进行1次严格的质量检验,入库后定期对种子的发芽率、含水量等进行测定。发现种子含水量高于规定标准时,应采取晾晒等措施降低种子含水量,并查找使种子含水量升高的原因,采取相应的防范措施。检验中如发现某些品种种子的发芽率明显低于规定标准时,则应停止出售。

其四,防治仓库害虫。要定期检查仓库害虫的发生情况,发现害虫要尽早防治。可根据不同的蔬菜种类和害虫,分别采取日晒、种子过筛、喷杀虫药剂或放熏蒸药物等措施进行防治。

其五,做好种子记录。库存的种子要按品种建立种子记录卡片,记载入库时间、入库数量、入库时的质量检查结果,以及出库时间、出库数量和入库后每次的检查结果。

(2)少量种子的贮藏

①干燥器贮藏　将种子精选晒干后装入纸袋或布袋内,再装入放有干燥剂的玻璃干燥器内,盖口涂凡士林,将盖盖严。如果氯化钙、硅胶等干燥剂的用量为种子重的20%～30%时,则干燥器内的相对湿度为30%～35%,种子含水量

为 6%～7%。这样,种子一般可安全贮藏 7～10 年。科研单位的育种材料多用此法贮藏。

生产单位或生产者贮藏少量种子可用土制干燥器。容器可选用口小的瓷罐、白铁桶等。放种子前,在容器底部先放上生石灰或晒干的木炭为干燥剂,上面再放种子袋,然后密封。放置较长时间后,可选干燥天气将种子取出晾晒,并更换生石灰或将木炭晒过后再放入容器中,放上种子,密封容器口。此法贮藏效果不亚于玻璃干燥器。

②低温、干燥、密闭条件下贮藏　此法是比较先进的贮藏方法,其做法是:将经过精选并干燥至安全含水量的种子,装入密封罐内、涂有塑料的纸袋内或聚乙烯铝箔复合袋内,再将包装后的种子放在低温、干燥条件下贮藏。经试验,圆葱、胡萝卜等易丧失发芽力的种子罐藏 3～4 年后,发芽率仍达90%以上。如果将罐装的种子贮于－10℃、相对湿度 30%以下的条件下,可安全保存数十年。

(四)萝卜种子标准化生产的检验和分级标准

种子是农业生产的基础。种子的检验对于种子收获、贮藏、加工及播种都是极其重要的。如果播种没有生活力的种子或伪劣种子,必定会给生产造成极大的损失。而在种子贮藏过程中,通过定期进行种子质量检验,也可以随时掌握种子的生理状态和变化,从而采取相应的手段和措施,以保证种子贮藏过程中的质量,保持种子活力,延长种子寿命,提高种子使用年限。在播种前进行种子质量检验,不仅可以防止伪劣种子给生产带来不可挽回的经济损失,而且还可以根据种子的质量,确定播种期、播种数量。农作物种子质量的鉴定包括扦样、种子的净度、发芽率、水分及品种纯度等。

1. 扦样 我国的种子质量标准对扦样进行了一系列规定。对于用容器包装的种子,5个容器以下的种子,每个容器都扦样,至少扦取5个初次样品;6~30个容器的种子,扦取5个容器或每3个容器至少扦取1个,选择其扦样点数多的一种;31~400个容器的种子,扦取10个容器或每5个扦取1个,选择其扦样点数多的一种;401个或以上容器的种子,扦取80个容器或每7个容器至少扦取1个,选择其扦样点数多的一种。如果根据种子批量的大小,确定扦取样品数,批量是500千克以下的,至少扦取5个初次样品;501~3 000千克的每300千克扦取1个初次样品,但不得少于10个;20 000千克以上的每700千克扦取1个初次样品,但不得少于40个。样品的扦取也要灵活掌握,不仅要有代表性,而且还要有足够的数量。

2. 种子的净度 萝卜种子的净度与其他作物种子一样,是指样品中去掉杂质和其他植物种子后留下的本作物净种子的重量占样品总重量的百分数。萝卜标准化生产种子分级净度要求可参照表2-1。

表 2-1 萝卜种子分级标准

萝卜种子级别	品种纯度不低于(%)	种子净度不低于(%)	种子发芽率不低于(%)	种子含水量不高于(%)
原种	98	99	98	8
一级良种	95	98	98	8
二级良种	90	97	96	8
三级良种	85	95	94	8

3. 种子的发芽率 种子的发芽率是种子质量的一个重要指标。扦样的根菜类蔬菜种子,经过净度分析后,从混合均

匀的净种子中随机数取 100 粒,设置 4 次重复,将种子均匀地放在纸床、沙床、土壤或者是铺有滤纸的培养皿等发芽床上,加入一定量的纯净水,通常沙床的加水量应为最大持水量的 60%～80%,纸床加水后应沥干多余的水分。在一般情况下,根菜类蔬菜的种子不存在休眠问题,对于有生理休眠的种子,可以先解除种子的休眠,然后进行发芽试验。解除休眠的方法很多,可以采用冷处理、热处理和硝酸钾、硝酸、赤霉素、双氧水、开水烫种处理等方法。严格来说,种子发芽并不能真正说明幼苗的正常,为了进一步确定正常苗的比率,可以对发芽的种子进行幼苗鉴定。因为有些种子由于受存贮空间、环境、遗传等因素影响,虽然可以发芽但是不能生长成正常的幼苗。正常的幼苗通常是指在良好的土壤及适宜的水分、温度和光照条件下,能够继续生长发育成为正常植株的幼苗。萝卜种子发芽率分级标准可参照表 2-1。

4. 良种的真实性和品种纯度 良种的真实性和品种纯度是种子质量的重要标准之一,两者概念的含义也存在根本差异。人们往往很注重品种的纯度,其实种子的真实性极其重要,因为种子的真实性是一批种子所属品种、种或属与标签、品种说明是否相符合,即是否是品种本身,而不是假种子。良种的真实性要根据品种固有的特异性状来判断,该品种不仅要明显区别于其他品种,而且还要有一致性,即品种经繁育,除可以预见的变异外,其相关的特征或者特性应该一致。而品种的纯度是指一批种子个体之间在特征特性方面典型一致的程度。良种的真实性和品种纯度常常可以通过种子、幼苗、植株等植物体或者部分器官来检验。随着科学技术的发展,也可以采用化学、生物技术等手段来进行鉴定。包括测定种子的形态特征、种子的色泽、测定化学特性、田间鉴定及室内分析。品种纯度分级标准可参照表 2-1。

5. 水分测定 种子的水分不仅影响到种子的重量,还会影响种子的贮藏和发芽。特别是在贮藏期间,含水量高的种子通常容易发霉或者降低种子的发芽率,因此,测定种子含水量极其重要。另外,种子的含水量很容易受周围环境条件的影响。通常包装前种子必须经过晾晒、烘干。我国制定了种子含水量标准,种子的含水量经测定必须低于《种子检测规程》规定的标准。用于贮藏的萝卜种子最高含水量为 8%,封入密闭容器时最高含水量为 5%。

6. 种子健康检验 种子健康检验是包括生化、微生物、物理、植保等多学科知识的综合检测技术,主要是对种子病害和虫害进行的检验。其目的是防止在引种和调种中检疫性病虫害的传播和蔓延。健康检验包括田间检验和室内检验,田间主要是检验肉眼不能观察到的病虫害,包括通过室内分离培养不能检测到的病虫害,以便在根菜类蔬菜生长过程中,病虫害比较明显的时期检查;而室内鉴定是通过培养种子携带的真菌、细菌、病毒等进行检验。目前,种子健康检验常采用肉眼、过筛、洗涤、漏斗分离、萌芽、分离培养、噬菌体检验和隔离种植等方法检验。

7. 重量测定 种子重量测定是衡量种子饱满程度的方法。种子饱满程度通常影响到幼苗是否生长苗壮和出苗率的高低。种子重量的测定是从净种子中数取一定数量的种子,称其重量。根据国家规定,通常需要设置 4 次重复,测定的方法有千粒法、百粒法、全量法等。对于一种作物,通常一定数量的饱满种子重量变化幅度不应该很大。就萝卜种子而言,其千粒重应该是 7～15 克。

第三章 萝卜标准化生产的环境要求和露地标准化栽培条件的优化

一、园田的选择与建设

(一)土壤环境质量标准

污染土壤的污染物主要来自两个方面:一是工业"三废",即废气、废水、废渣;二是在栽培过程中过多施用化学农药或氮素化肥而造成的农药及硝酸盐污染。在已经严重污染的菜地上栽培萝卜,产品内一些重金属含量较高,硝酸盐含量也严重超标,对人体健康构成了潜在威胁,对此应给予足够的重视。因此,萝卜标准化生产的土壤环境质量指标应符合表3-1的要求。

表 3-1　土壤环境质量指标　(单位:毫克/千克)

项　目	含量限值		
	pH<6.5	pH 6.5~7.5	pH>7.5
镉	≤0.30	≤0.30	≤0.30
汞	≤0.30	≤0.50	≤1.0
砷	≤40	≤30	≤25
铅	≤250	≤300	≤250
铬	≤150	≤200	≤250
铜	≤50	≤100	≤100

注:以上项目均按元素量计,适用于阳离子交换量>5厘摩/千克的土壤,若≤5厘摩/千克,其标准值为表内数值的半数

(二)灌溉水质量标准

水体污染是菜田土壤及蔬菜产品污染的主要途径之一。

由于工业大量排放未经处理的废水和废渣,以及萝卜生长过程中大量施用化肥和农药,使得产地附近江、河、湖及地下水都受到了不同程度的污染。

水污染对萝卜的危害表现在两个方面:一为直接危害,即污水中的酸、碱物质或油、沥青以及其他悬浮物等可造成萝卜组织的烧伤或腐蚀,引起生长不良,产量下降,且产品本身携带有毒有害物质,不能食用;二为间接危害,即污水中能溶于水的有毒有害物质被萝卜根系吸收后,严重影响到萝卜正常生理代谢和生长发育,同时产品内有毒有害物质大量积累,并通过食物链转移到人体,对人体健康造成危害。因此,萝卜标准化生产的灌溉水质量应符合表 3-2 的要求。

表 3-2　灌溉水质量要求

项　　目	浓度限值
pH	5.5～8.5
化学需氧量(毫克/升)	≤150
总汞(毫克/升)	≤0.001
总镉(毫克/升)	≤0.005
总砷(毫克/升)	≤0.05
总铅(毫克/升)	≤0.01
铬(六价)(毫克/升)	≤0.01
氰化物(毫克/升)	≤0.50
石油类(毫克/升)	≤1.0
粪大肠菌群(个/升)	≤1000
蛔虫卵数(个/升)	≤2

注:1. 采用喷灌方式灌溉的菜地应满足此要求

　2. 采用喷灌方式灌溉的菜地以及浇灌、沟灌方式的叶类菜地应满足此要求

(三)产地环境空气质量标准

工业废气污染大致可分为气体污染和气溶胶污染两类。气体污染包括二氧化硫、氟化物、氯气、臭氧、氮氧化物、碳氢化合物等;气溶胶污染包括粉尘、烟尘等固体粒子及烟雾、雾气等液体粒子。其中,对萝卜威胁较大的污染物有二氧化硫、氮氧化物、氟化物、氯气和光化学烟雾及煤烟粉尘等 10 余种。这些污染物有时表现为急性危害,萝卜细胞及叶绿素遭到破坏,在叶片上出现大量伤斑,严重时叶片枯死,造成减产或绝收。有些表现为慢性危害,即在污染浓度较低时,表现为轻微伤害。也有的伤害是隐性的,即在植株外部和生长发育上看不出明显的危害症状,但植株的生理代谢受到影响,植株体内有害物质逐渐积累,进而影响产量及产品品质,食用后对人体产生危害。因此,萝卜产地环境空气质量应符合表 3-3 的要求。

表 3-3　环境空气质量标准

项　　　目	浓　度　限　值	
	日平均	1 小时平均
总悬浮颗粒物(标准状态)(毫克/米³)	≤0.30	≤1.00
二氧化硫(标准状态)(毫克/米³)	≤0.15	≤0.50
氮氧化物(标准状态)(毫克/米³)	≤0.10	≤0.15
氟化物(标准状态)(微克/米³)	≤10	—

注:日平均指任何 1 日的平均浓度;1 小时平均指任何 1 小时的平均浓度

(四)产地生物环境标准

1. 温度　萝卜原产于温带,为半耐寒性植物,种子在2℃～3℃时开始发芽,适温为 20℃～25℃。幼苗期能耐 25℃左右的温度,也能耐－2℃～－3℃的低温。萝卜茎叶生长的温度范围比肉质根生长的温度范围广,为 5℃～25℃,生长适温为 15℃～20℃;

而肉质根生长的温度范围为 6℃～20℃,适宜温度为 18℃～20℃。所以,萝卜营养生长期的温度以从高到低为好。前期温度高,出苗快,可形成繁茂的叶丛,为肉质根的生长打好基础。后期温度逐渐降低,有利于光合产物的积累。当温度逐渐降到 6℃以下时,植株生长微弱,肉质根膨大已渐停止,即至采收期。当温度低于－1℃～－2℃时,肉质根就会受冻。此外,不同类型和品种的萝卜,其适应的温度范围也不一样。

2. 光照　萝卜属于长日照作物。如果在光照充足的地方栽培,则植株健壮,光合作用强,物质积累多,肉质根膨大快,产量高。如果在光照不足的地方栽培,或株行距过密,杂草过多,则植株光合作用弱,肉质根膨大慢,产量就低,品质也差。

在长日照(12 小时以上)及较高的温度条件下,花芽分化及花枝抽生都较快。因此,萝卜春播时容易发生未熟抽薹现象。在秋季栽培萝卜,则不利于其肉质根的形成。

播种萝卜要选择开阔的菜田,并根据萝卜品种的特点,合理密植,以提高单位面积的产量。

3. 水分　水分是萝卜肉质根的主要组成部分,含量为93%～95%。萝卜生长过程中对水分的要求比较严格,在不同生长时期的需水量有较大的差异。在发芽期,为了促进种子萌发和幼苗出土,防止苗期干旱造成死苗和诱发病毒病,应保持土壤湿润,土壤含水量以 80% 为宜。在幼苗期,叶片生长占优势,为防止幼苗徒长,促进根系向土壤深层发展,要求土壤湿度较低,以土壤最大持水量的 60% 为好。在叶片生长盛期(莲座期),叶片旺盛生长,肉质根逐渐膨大,要适当控制水,进行蹲苗。"露肩"以后,标志着叶片生长盛期结束,肉质根进入迅速膨大期,如果此时水分供应不足,就会形成细瘦的肉质根而降低产量。但是,如果水分过多,则不利于肉质根的代谢与生长,也会造成减产。

4. 营养 萝卜对土壤的适应性较广,但为获得优质、高产的产品,以土层深厚、保水保肥、排灌良好、富含有机质、疏松透气的砂壤土最好。黏重壤土不利于萝卜肉质根膨大。土层过浅、坚实,易发生杈根。一般要求土壤以中性或偏酸性(pH 值为 5.3~7)为好。

萝卜对土壤肥力要求很高,在全生长期都需要充足的养分供应。在生长初期,对氮、磷、钾三要素的吸收较慢;随着萝卜的生长,对三要素的吸收也加快,到肉质根生长盛期,吸收量最多。在不同时期,萝卜对三要素吸收情况是有差别的。幼苗期和莲座期正是细胞分裂、吸收根生长的叶片面积扩大时期,需氮较多,进入肉质根生长盛期,对磷、钾的需要量增加,特别是对钾的需要量更多。萝卜在整个生长期中,对钾的吸收量最多,其次为氮,磷最少。所以,种植萝卜不宜偏施氮肥,而应该重视磷、钾肥的施肥,以促其苗壮生长,提高产量和品质。每生产 1 000 千克萝卜,需氮 2.1~3.1 千克、五氧化二磷 0.8~1.9 千克、氧化钾 3.8~5.6 千克。其比例为 1∶0.2∶1.8。注意避免与其他十字花科蔬菜连作。

二、露地标准化设施栽培条件的优化

在选用优良品种的基础上,栽培条件的优劣对萝卜肉质根的商品品质和营养品质有很大的影响。因此,要获得优质高产萝卜,就必须为萝卜生长创造良好的栽培条件。

(一)适时播种

萝卜的播种期要求比较严格,特别是在北方,种植秋萝卜尤为严格。沈阳地区秋萝卜一般于 7 月上中旬播种,10 月上中旬收获,生长期为 80～90 天。掌握各地适宜的播种期是丰产优质的关键。播种前 2～3 天浇足底水造墒或下过透雨后待畦面稍干,开沟播种。播种多采用条播或点播方式进行直播,要注意种子的质量。大型品种穴播每 667 平方米用种 400～500 克,每穴点 6～7 粒。

(二)适宜的种植密度及提高肉质根的均一性

萝卜的产量是由单位面积中的株数与单株重量所决定的。当种植密度过大时,单位面积上萝卜的株数增多,但单株的重量下降,从而造成萝卜。因此一定要根据其品种特点、土壤肥力、管理水平等综合条件,确定合理的群体结构,才能既有利于总产的提高,又有利于个体质量的改善。同时,要求萝卜肉质根大小株均一;如果大小不整齐,会直接影响萝卜肉质根的商品品质。所以,播种前要整好土地,并具备良好的排灌系统,以保证均匀浇水及排水。特别是在间苗和定苗时,要严格把关,保证田间留苗的营养面积均一,植株健壮且大小一致。

(三)科学施肥和及时防治病虫害

合理施入有机肥和适量的化肥,对萝卜肉质根的生长至关重要。待萝卜结束蹲苗后,应加强肥水管理,适时追肥,以利于萝卜肉质根的充实和膨大。在肉质根的生长盛期,要注意增加钾肥和磷肥的施用。对病虫害应采取农业综合防治措施,并辅以药剂防治,减少农药对萝卜肉质根的污染,以提高萝卜的商品品质。

第四章 萝卜标准化生产的
栽培管理技术

一、萝卜的栽培季节和茬口安排

(一)不同产区萝卜的栽培季节和茬口

1. 华中、华北地区萝卜栽培季节和茬口　该地区主要包括淮河流域、黄河下游和海河区域。淮河流域包括江苏北部、安徽北部、河南南部及山东南部等地区。黄河下游包括山东大部分地区、河南北部、河北南部、山西南部及中部地区。海河区域包括北京、天津及河北中部。应根据各流域气候特点安排萝卜栽培茬口。

本地区秋冬萝卜播种期见表 4-1。

表 4-1　华中、华北地区各省(直辖市)秋冬萝卜播种期

省(直辖市)	播种时间	收获时间
山　东	8 月上旬至 8 月中旬	10 月中旬至 11 月初
河　南	8 月上旬至月中旬	10 月下旬至 11 月中旬
河　北	8 月上旬	10 月下旬
江苏北部	8 月中旬至 8 月下旬	10 月下旬至 11 月中旬
安徽北部	8 月上旬至 8 月中旬	10 月下旬至 11 月中旬
山　西	8 月中旬至 9 月中旬	10 月上旬至 11 月上旬
北　京	7 月下旬至 8 月上旬	10 月下旬
天　津	8 月上旬	10 月中旬至 10 月下旬

本地区夏秋萝卜比秋冬萝卜的播种期明显提早,适宜在6月下旬至7月下旬,夏秋萝卜收获期不十分严格。肉质根长成后,即可根据市场需求,及时收获。

本地区冬春保护地萝卜栽培应严格控制播种期。大棚栽培,可于1月下旬至2月中旬播种,4月上旬开始采收。中小拱棚加地膜覆盖栽培,可于2月中旬至3月上旬播种,4月中旬开始采收。露地或地膜覆盖栽培,可在3月下旬至4月上旬播种,5月中旬至6月初采收。

本地区春夏萝卜生长期短,因种子萌动后就能接受低温影响而通过春化阶段,为避免春萝卜发生先期抽薹,适期播种很重要(表4-2)。

表4-2　华中、华北地区春夏萝卜播种期

栽培方式	播种期	收获期
风障前播种加盖草苫	2月下旬至3月上旬	4月下旬至5月上旬
露地或覆地膜栽培	3月下旬至4月上旬	5月中旬至6月上旬

2. 东北地区萝卜栽培季节和茬口　东北地区主要包括黑龙江、吉林、辽宁和内蒙古自治区大部分。该地区秋冬萝卜适宜播种期在7月上中旬。此范围内,7月上中旬高温干旱年份,可适当晚播种;天气凉爽湿润年份,可适当早播。萝卜的适收期应根据萝卜品种特征和天气状况来确定。肉质根具有本品种特征时,为适收期的标志。另外,在9月中下旬,经过几次轻霜后,促进了肉质根中的淀粉转化为糖分,可使萝卜品质变佳,所以秋分前后为东北冬贮萝卜的适收期。

本地区夏秋萝卜适宜在南部栽培,比秋冬萝卜的播种期明显提早,生长期内多处于炎热季节,而高温多湿或高温干旱的气候均不利于萝卜的生长,易发生疾病,因此,要注意病害防治。夏秋萝卜的收获期不十分严格,肉质根长成后,即可根据市场需求,及时收获。

本地区春夏萝卜栽培在日光温室自 2 月中旬开始,每 10～15 天播种一期,以利于均衡供应市场。一般选用早熟品种,大约 60 天即可长成,可根据市场行情随时采收。

3. 华东地区萝卜栽培季节和茬口 华东地区主要包括江西、浙江、上海、安徽南部、江苏南部等。整个地区属于暖温带和亚热带季风性湿润气候,雨量适中,四季分明。

表 4-3　华东地区萝卜周年播种期

栽培型	播种期	收获期	备　注
秋冬萝卜	8 月中下旬	10 月中下旬至 12 月	
冬春萝卜	11 月至翌年 1 月	3～4 月	大棚加小棚加地膜
春夏萝卜	3～4 月	5～6 月	
夏秋萝卜	5～7 月	7～9 月	防雨棚加遮阳网
四季萝卜	10～12 月	12 月至翌年 3 月	10～12 月大棚栽培

4. 华南地区萝卜栽培季节和茬口 华南地区主要包括广东、广西、海南、福建及台湾 5 个省自治区,由于本地区的秋、冬季气候较适于萝卜的生长,故本地区秋冬萝卜栽培的播种时间相对灵活,可以根据茬口的需要安排适时播种期。

本地区夏秋萝卜,特别是夏季萝卜对播种期的要求较为严格,因为播种过早,易碰到"倒春寒",使萝卜通过春化阶段而发生先期抽薹,造成产量和品质的下降。由于各地的气候特点、栽培习惯及消费习惯的不同,本地区夏秋萝卜的播种期也有所不同,见表 4-4。

表 4-4　华南地区夏秋萝卜栽培及供应季节

地　区	播种期	生长日期（天）	收获期	栽培方式
广东潮汕平原、珠江三角洲及雷州半岛,海南省及台湾西南部	4 月上旬至 8 月下旬	45～60	5 月下旬至 10 月下旬	露地或遮阳网
福建东南沿海,广西南部及台湾东北部	4 月下旬至 8 月下旬	50～70	6 月中旬至 10 月中旬	露地
广东北部,福建西北部及广西的西北部	6 月上旬至 7 月下旬	50～70	7 月中旬至 10 月中旬	露地

本地区秋冬萝卜的播种期见表 4-5。

表 4-5　华南地区秋冬萝卜栽培及供应季节

地　区	播种期	生长日期（天）	收获期	栽培方式
广东潮汕平原、珠江三角洲及雷州半岛,海南省及台湾西南部	8 月上旬至 10 月下旬	60～90	10 月上旬至翌年 1 月	露地或遮阳网
福建东南沿海,广西南部及台湾东北部	8 月上旬至 9 月下旬	70～90	10 月上旬至 12 月下旬	露　地
广东北部,福建西北部及广西的西北部	7 月下旬至 9 月中旬	70～100	10 月上旬至 12 月下旬	露　地

本地区冬春萝卜播种期见表 4-6。

表 4-6　华南地区冬春萝卜栽培及供应季节

地　区	播种期	生长日期（天）	收获期	栽培方式
广东潮汕平原、珠江三角洲及雷州半岛，海南省及台湾西南部	8 月上旬至 10 月下旬	60～90	10 月上旬至翌年 1 月	露地或遮阳网
福建东南沿海，广西南部及台湾东北部	8 月上旬至 9 月下旬	70～90	10 月上旬至 12 月下旬	露　地
广东北部，福建西北部及广西的西北部	7 月下旬至 9 月中旬	70～100	10 月上旬至 12 月下旬	露　地

5. 西南地区萝卜栽培季节和茬口　西南地区主要包括云南、贵州、四川、重庆、西藏 5 个省（自治区、直辖市）。本地区夏秋萝卜的适播期分别是：昆明一般在 6～8 月份播种；贵阳 5～7 月份播种；成都 7 月中旬至 8 月下旬播种；重庆 7 月下旬至 8 月上旬播种。该地区夏秋萝卜的播种期见表 4-7。

表 4-7　西南地区夏秋萝卜栽培及供应季节

地　区	播种期	生长日期（天）	收获期	栽培方式
昆　明	6～8 月	60～80	8～11 月	露地或遮阳网
贵　阳	5～7 月	50～80	6 月下旬至 9 月	露　地
成　都	7 月中旬至 8 月下旬	60～80	9 月中旬至 11 月中旬	露　地
重　庆	7 月下旬至 8 月上旬	50～70	9 月中旬至 10 月上旬	露　地

本地区秋冬萝卜的播种期见表 4-8。

表 4-8 西南地区秋冬萝卜栽培及供应季节

地 区	播种期	生长日期（天）	收获期	栽培方式
昆 明	8～10 月	60～110	10 月至翌年 1 月	露 地
贵 阳	8 月中旬至 9 月上旬	90～110	10 月中旬至 12 月	露 地
成 都	8 月下旬至 9 月中旬	80～110	10 月下旬至 12 月下旬	露 地
重 庆	8 月上旬至 9 月上旬	90～100	11 月至翌年 1 月	露 地

本地区冬春萝卜播种期见表 4-9。

表 4-9 西南地区冬春萝卜栽培及供应季节

地 区	播种期	生长日期（天）	收获期	栽培方式
昆 明	11 月至翌年 2 月	120～150	3～5 月	露 地
贵 阳	9 月中旬	120	2 月中下旬	露 地
成 都	9 月下旬至 11 月中旬	90～130	12 月下旬至翌年 2 月下旬	露 地
重 庆	10 月下旬至 11 月中旬	100～110	2 月中旬至 3 月	露 地

西藏自治区平均海拔 4 500 米，属高原气候，气温偏低，无霜期短，气候干燥，空气稀薄，日照充足，年平均气温－3℃～12℃。本地区萝卜属典型的西部高原生态型。萝卜栽培一般选择生育期长、冬性强的品种，以夏季播种，初冬收获为主。从 5 月上旬至 6 月中旬均可露地直播，10 月中下旬收获。

(二)不同季节栽培的萝卜茬口要求

我国农业生产历史悠久，早在明清时期对农作物的茬口安排问题就已积累了许多宝贵经验,在这个时期,长江流域的农区就有稻、菜两熟的种植制度;在民国前期我国就有甘薯→萝卜→大豆的轮茬记载。在长江流域中下游地区,长期以来更是对种植萝卜的茬口总结出许多宝贵的经验。

种植萝卜以选择前作物收获早、施肥多、耗肥少,土壤中遗留大量肥料的茬口为最好。现将各季节萝卜的适宜茬口,分述如下。

1. 秋冬萝卜栽培茬口 秋冬萝卜栽培茬口以瓜类、茄果类、豆类为宜,其中尤以西瓜、黄瓜、甜瓜等较好。刚种过十字花科蔬菜的土地易生病虫,不宜选用。在农村及远郊区的季节性菜地上种植萝卜,则宜选用水稻、玉米等为前作。一些萝卜名产区通过长期的生产实践,形成了一套较好的栽培制度。例如,在江苏省武进市新闸镇,新闸红萝卜的栽培是二年五熟轮作制,即小麦→水稻→萝卜→大麦→大豆→小麦。杭州郊区笕桥一带的萝卜产区,则多以瓜类与茄果类为萝卜的前作。江苏省宜兴市太湖沿岸萝卜产区,则以套作的方式,采用二年六熟制,即在秋末先种百合,翌年春季在百合行间套种西瓜,西瓜收获后种萝卜,萝卜收后种大麦,大麦行间套种芋头,芋头收后再种萝卜。秋冬萝卜在长江流域中下游地区的茬口类型较多,见表4-10至表4-12。

表4-10 春辣椒—夏早熟花椰菜—秋冬萝卜

作　物	播种期	定植期	收获期
辣　椒	10月中旬至10月下旬	2月上旬至2月中旬	5月上旬至7月上旬
花椰菜	6月上旬至6月中旬	7月上旬至7月中旬	9月上旬至9月中旬
萝　卜	9月上旬	—	12月上旬至12月下旬

表 4-11　春厚皮甜瓜(洋香瓜)—生菜或香菜—秋冬萝卜

作物	播种期	定植期	收获期
甜　瓜	12月下旬至翌年1月中旬	2月中旬至2月下旬	4月下旬至6月中旬
生菜、香菜	6月中旬	7月中旬	8月中旬至9月上旬
萝　卜	8月下旬至9月上旬	—	10月下旬至11月下旬

表 4-12　小麦—玉米—萝卜

作　物	播种期	株行距(厘米)	采收期
小　麦	10月中旬	—	6月上旬
玉　米	6月上旬	25×50	9月上旬
萝　卜	9月上旬	30×40	11月中下旬

上述 3 例分别为菜—菜型、瓜—菜型和粮—菜型茬口。

2. 夏秋萝卜栽培茬口　夏秋萝卜,如杭州的小钩白萝卜、湖北的亮白萝卜、南京的五月红及南农的中秋红萝卜等,这些品种都在 6~7 月间播种,8~9 月间收获,其前作多为洋葱、大蒜、早四季豆、早毛豆、早甘蓝及春马铃薯等;其后作则为大白菜、菠菜、莴苣等秋冬菜或越冬菜。

随着农业生产的发展,萝卜品种类型的增加,栽培方式的改进,特别是保护地种植的发展给萝卜生产带来了更大的空间,在长江中下游各省,萝卜种植前、后茬的类型很多。不仅在不同季节与不同的蔬菜间轮、套作,还与花卉、粮、棉间、套作,这种变化从过去仅为前、后茬作物生长有利转变成前、后茬搭配恰当,除有利于各茬作物生长,还可获得较高的经济效益。

3. 冬春萝卜栽培茬口　冬春萝卜栽培在秋末冬初播种,保护地或露地越冬,春季采收,是我国华南和西南地区主要采用的栽培类型。栽培品种主要选择耐寒性强、生长期较长的晚熟品种。

冬春萝卜栽培,应选择耐寒性强、叶簇直立、植株矮小、生长期短、适应性强、抗抽薹的丰产品种。目前适宜的品种多为白皮白肉萝卜和淡绿皮萝卜。对茬口的要求虽不太严格,但最好避免与秋菜花、秋甘蓝、秋萝卜等十字花科蔬菜接茬。整地、做畦等准备工作均在年前进行。秋茬作物收获后,于立冬至小雪期间,对土地进行冬耕,耕深为 20 厘米左右。为了保证土壤能吸收充足的水分,以利于春季播种,最好在封冻前浇1 次水。

4. 春夏萝卜栽培茬口 春夏萝卜的前作一般为越冬菠菜、芹菜和青菜,后作为豇豆、晚毛豆和菜秧等。在江苏省南京地区,春夏萝卜也与韭菜进行间作,例如,五月红萝卜种在韭菜行间,早春韭菜第一茬割完后,在五月红出苗时,韭菜长的还较矮,不会妨碍萝卜的生长。韭菜长高时,五月红萝卜已生有 3～4 片真叶,这时可以进行间作,每穴留苗 1 株。在五月红萝卜生出 5～6 片真叶时,韭菜第二茬即可以收割了。五月红萝卜播种子,经 50 多天成熟收获时,韭菜又已长高。这样既可充分利用土地,又能获得较高的经济效益,而且病虫害发生也少。

二、秋冬萝卜标准化生产的栽培技术要点

秋冬萝卜栽培是秋季播种,初冬收获,是我国萝卜的主要栽培季节。这一时期,前期温度较高,适于萝卜苗期生长,后期天气较凉,适于肉质根膨大,是萝卜的最佳栽培季节。秋冬萝卜的产量高,品质佳。在秋菜生产中,种植面积较大,是重要的冬贮蔬菜。

(一)土壤选择

秋冬萝卜栽培应选择土层深厚疏松、排水良好、肥力好的砂壤土。这样才易生长出形状端正、外皮光洁、色泽美观而又品质好的肉质根。若将萝卜种在易积水的洼地、黏土地,则肉质根生长不良,外皮粗糙;种在沙砾比较多的地块,则肉质根发育不良,易长成畸形根或杈根。一般地说,在水浇地上种萝卜要选择土质疏松的砂壤土;在旱地上种萝卜,应选择保水力比较强的壤土。土壤的酸碱度以中性或微酸性为好。土壤酸性太强易使萝卜发生软腐病和根肿病;碱性太大,长出来的萝卜往往味道发苦。土壤 pH 值以 6.5 为合适。

(二)整　地

播前要进行深耕整地,深耕 25 厘米以上,纵横细耙 2～3遍,根据当地种植习惯做畦。施肥总的要求是以基肥为主、追肥为辅。萝卜根系发达,需要施足基肥。农民有“追肥长叶,基肥长头”的谚语。一般基肥用量占总施肥量的 70%。每667 平方米施腐熟厩肥 2 500～4 000 千克、过磷酸钙 25～30千克、草木灰 50 千克,耕入土中,再施人、畜粪尿 2 500～3 000千克,干后耕入土中,耙平做畦。做畦的方式根据品种、土质、地势和气候条件而定。大型萝卜根深叶大,要做高畦,南方多雨地区在雨水多的季节,无论大型或小型品种都要做成高畦。

(三)确定播种期

秋冬萝卜生长的适宜温度范围为 5℃～28℃,肉质根膨大适宜温度为日平均气温 14℃～18℃,昼夜温差应达到 12℃～14℃。因此,在决定萝卜播种期时,应根据当地的气候情况,使萝卜的肉质根膨大期处于温度最佳时期。若播种过早,由于天气炎热,则病虫害严重;若播种过晚,虽病虫害减轻,但生长期不足,肉质根尚未发育成熟,而天转冷,不得不收获,也不能获得丰收。黄淮海地区以8月上中旬为播种适期。在这一范围内,也应根据当时当地的情况确定播种期。如果8月上中旬高温干旱,则播种期应适当推迟。土壤肥力差,前茬为粮食作物的地块,可适当早播,以延长生长期,增加产量。地力肥沃,病虫害严重的老菜区,可适当晚播种,一方面躲避病虫害,另一方面由于地力肥沃,萝卜生长速度快,生长期短些亦不会减产。生食品种应比熟食和加工用品种播种晚些,因播种期适当偏晚,肉质根生长期间经历的高温日数较少,肉质根中芥辣油含量较低,糖的含量较高,品质风味好。目前,广大菜农在确定播种期时,主要以控制和减轻病毒病的发生,实现丰产和稳产为先决条件。

(四)播 种

秋冬萝卜的主根如果受到损伤,很容易出权根,如移栽则成活率低,所以一般采用直播法。点播的每667平方米用种量为150~250克,条播的为400~500克。为达到苗齐、苗全、苗壮,应足墒精细播种。若墒情较差,如果前茬作物腾茬早,最好提前4~5天浇水造墒,再开沟播种。若来不及浇水造墒,可在开沟、播种、覆土镇压后,随即浇水。但浇水要均匀,防止大水冲出种子。播种前须将种子精选,去掉瘪籽、碎粒。播种畦(垄)墒情适宜时,可在耙平畦(垄)面后,按所需行距开浅沟,均匀条播。播后耙平畦(垄)面,轻轻镇压一遍,以利于种子吸水。播种时覆土不宜过厚,否则会将种子闷死在土中,即使幼苗能够出土,也因在出土前消耗养分过多而生长孱弱；反之，若覆土过浅，则种子易干燥也不易发芽，即使能够发芽，幼苗出土后也易倒伏，或胚轴弯曲，影响肉质根的生长。播种后，若天气干旱，应立即浇水。浇水以轻浇为宜，防止土壤板结，或把种子冲出，影响出苗。播种 4～5 天后，需要查苗 1 次，如果发现缺苗断垄，应当及时补种，以保全苗。

（五）间　苗

秋冬萝卜栽培，间苗工作十分重要。及时间苗能保证幼苗有一定的营养面积，获得壮苗。若不及时间苗，幼苗就会拥挤徒长，或因胚轴部分延长而倒伏，或幼苗生长孱弱。应早间苗，分次间苗，适时定苗，才容易保证苗齐苗壮。病虫害严重、天气干旱或暴风雨较多的地区，则定苗不宜太早，以免造成缺苗。

间苗的适宜时间，以出现 2 片基生叶（一般称为"拉十字"）的时候为最好。间苗时，要去杂、去劣和拔除病苗，留下符合本品种特征的、子叶舒展、叶色鲜绿、叶形整齐、根颈长短适中、比较粗壮的幼苗。

萝卜的间苗、定苗，多采用一次间苗而后定苗的方法。从有利于萝卜生长发育的需要考虑，还是以二次间苗后再定苗为好。特别是在病虫害严重的年份，更应该实行二次间苗。第一次间苗时，只须将幼苗间开即可；第二次间苗时，点播的每穴留 2～3 株苗，条播的可按 10～12 厘米的距离留 1 株苗，定苗时再按预定的株距留 1 株苗。定苗应在萝卜幼苗出现 5～6 片真叶时及时进行。大型萝卜株距 25～30 厘米，中型萝卜株距 20～25 厘米。

（六）水分管理

萝卜不耐干旱，如果缺水，则肉质根就会质硬而且辣味浓；如果水分供应不匀，肉质根也会生长不整齐或开裂。但是，水分太多，又容易使肉质根发育不良或者腐烂。所以，要根据降水量的多少、空气和土壤湿度的大小、地下水位的高低等条件来决定浇水次数和每次浇水的量，并且要根据萝卜的不同生长发育阶段灵活调整。

秋冬萝卜在不同的生育期对土壤水分的要求是不同的。例如，在发芽期，只有使土壤保持湿润，才能保证发芽迅速、出苗整齐；如果此时缺水，或者土面板结，就会出现"芽干"现象或者种子出芽的时候"顶锅盖"而不能顺利出土，造成严重缺苗。所以，一般在播种以后，应该立即浇1次水，保证种子能够吸收足够的水分，以利于发芽。在幼芽大部分出土的时候，需要再浇1次小水，保持土壤湿润，以保证全苗。秋冬萝卜在幼苗期，因为苗小根浅，需要的水分不多，所以浇水要少。如果当时天气炎热，温度高，地面蒸发量大，则需要适当浇水，以免幼苗因缺水而生长停滞和发生严重的病毒病。同时，苗期还要注意排水防涝。

秋冬萝卜在定苗以后，便进入莲座叶生长旺盛的时期，需要较多的水分。但是，此时也不可浇水过多，否则便会使叶片徒长而互相遮荫，妨碍通风透光；同时，营养生长太旺盛，也会减少养分的积累。所以，这个时期要适当地控制水分，莲座叶生长后期必须采用蹲苗的办法来控制植株地上部的生长。一般是蹲苗前浇1次足水，然后中耕、蹲苗。蹲苗期的长短，要根据植株生长情况及土壤、气候、降雨情况灵活掌握。如果没有蹲苗，植株就会疯长，把大量养分消耗在叶丛生长上，妨碍肉质根的发育；如果蹲苗期过长，也会妨碍肉质根的生长。

萝卜蹲苗期的长短，还可以根据植株表现来确定。一般是清晨到田间观察，若发现植株上露水比较大，叶色嫩而发黄,则应当继续蹲苗;若叶子上没有露水,叶色黑绿,就应当结束蹲苗,开始浇水。结束蹲苗开始浇水以后,萝卜的肉质根迅速膨大,此后植株需要有充足的水、肥,必须使土壤经常保持湿润,直到采收前7天左右为止。如果此时干旱或蹲苗时间太长,会使萝卜的肉质根发育缓慢和外皮变硬,以后遇到降雨和大量浇水,其内部组织突然膨大,容易开裂而引起腐烂。后期缺水,容易使萝卜糠心、味辣、肉硬,降低其品质和产量。收获前5～7天,应停止浇水,以利于贮藏。

(七)中耕除草

秋冬萝卜的幼苗期,正是高温多雨季节,杂草生长旺盛,如果不及时除草,就会影响幼苗生长;杂草还是病菌、害虫繁殖寄生的地方。所以,在幼苗期间应该勤中耕、勤除草,使地面保持干净,土壤保持疏松和通气良好,同时也有利于保墒。

中耕应在间苗和定苗以后进行。中耕的深度,应该根据植株的生长发育情况来定。第一次中耕的时候,幼苗的根入土比较浅,要浅中耕,锄松地皮就行。随着植株的生长,第二次中耕要加深,并且浅锄耕,深耪沟,垄背上锄深3厘米左右,切勿碰伤苗根,以免引起分杈、裂口或腐烂。

中耕时,应根据幼苗的不同生长情况分别采取不同的中耕方法。对于因播种太浅或垄背受雨水冲刷而使幼苗根部外露的植株,以及偏高的植株,应该用小手锄由沟底向垄背上锄,把沟底的土带上垄背,为幼苗根部培土。采用这种中耕方法,能够避免露根的植株受到风吹雨打而东倒西歪不能正常生长。对于因播种太深或垄背偏宽而使幼苗被土覆盖和子叶贴在垄面的植株,应该用小手锄由垄背向下锄,把垄背上的土带往垄沟,使幼苗颈部不至于被土掩埋太厚,称为放土。定苗以后的中耕,同时要培土扶垄。

(八)施　肥

根据萝卜在生长期中对营养元素需要的规律,在追肥量上,掌握轻、重、轻的原则。

第一次施追肥,应在定苗之后、浇水之前,幼苗生长出 2 片真叶时。一般每 667 平方米施硫酸铵 15～20 千克。追施方法是:在浇水之前,把肥料撒在垄的阴面距离植株 5～10 厘米远处,然后再浇水。如果追施稀粪水,一般每 667 平方米可用稀粪水 1 000 千克左右,随浇水施用。如果天气热、蚜虫多,则不宜施用稀粪水,而以施用化肥为好。

第二次追肥,应该在第一次追肥之后半个月左右进行,一般每 667 平方米随水追施稀粪水 1 000 千克左右。

第三次追肥,应该在第二次追肥之后 20 天左右进行,一般每 667 平方米施用硫酸铵 15～20 千克、硫酸钾 10 千克,或稀粪水 1 500 千克左右。每次追肥之后,都要浇 1 次水,以利于植株根部及时吸收养分。

如果土壤贫瘠,或者没有施基肥,或者基肥施得少,幼苗生长比较弱的,应该在间苗以后追施 1 次提苗肥,每 667 平方米可施用硫酸铵 8～10 千克,促使幼苗生长健壮。施用氮肥要适量,如果施用氮肥太多,容易使萝卜的肉质根产生苦瓜素而使味道变苦。每生产 1 000 千克萝卜,需氮 2.1～3.1 千克、五氧化二磷 0.8～1.9 千克、氧化钾 3.8～5.6 千克。其比例为 1∶0.2∶1.8。

(九)肉质根膨大期管理

肉质根膨大期又分为肉质根膨大前期和膨大盛期。由

"破肚"到肉质根明显膨大称为"露肩",为肉质根膨大前期。此期是叶片旺盛生长期,第二个叶环中的叶子展开,形成强大的同化面积。同时,肉质根的生长速度比幼苗期加快,但仍以叶片生长为主,这一时期为 15 天左右。植株对矿质营养的吸收量明显增加,如对氮、磷的吸收比前一时期增加 2 倍,钾的吸收增加 6 倍。吸收氮、磷、钾的比例为 5：1：7。在管理上,首先要注意促进叶片的旺盛生长,形成强大的光合叶面积,保持旺盛的同化能力;同时,在叶面积基本形成以后,又要防止叶片徒长,影响肉质根的膨大,在定苗追肥后,浇水 2～3 次,充分发挥基肥和追肥的肥效,促进叶片生长。如有蚜虫和霜霉病发生危害时,应及时喷洒药剂防治。当第二个叶环多数叶片已展开时,要中耕 1～2 次,适当控制浇水,防止叶片徒长,进行蹲苗,促进植株及时转为肉质根的旺盛生长。在"露肩"后,即肉质根膨大前期转入肉质根膨大盛期,经过一段中耕控水后再进行 1 次大追肥,即上述第三次追肥。追肥后,中耕松土 1 次,将土肥混合,起垄栽培的可立即培土 1 次,然后浇水。

由"露肩"到肉质根的基部充分膨大,即"圆腔",为肉质根生长盛期。此期为 30～50 天,是肉质根生长的主要时期。在此期间叶片生长减缓并渐趋停止,肉质根内部主要是薄壁细胞的膨大和细胞间隙的增大,植株的同化产物大部分输入肉质根贮藏起来,肉质根迅速膨大。这一时期肉质根的生长量约占最终产量的 80%。根系吸收的矿质营养约 75% 用于肉质根的生长。在管理上要注意均匀浇水,避免忽干忽湿,防止裂根。在无雨的情况下,一般每 5～6 天浇 1 次水,保持土壤湿润。10 月上中旬一般有 1 次蚜虫和霜霉病发生高峰,应注意防治。在喷药防治时,可加入 0.2% 的磷酸二氢钾进行叶面追肥,注意保护叶片,防止受害和早衰,以确保萝卜优质、丰产。

(十)收　获

秋冬萝卜能耐0℃～1℃的低温,如遇－3℃以下的低温,即使受冻的肉质根在天气转暖后也能复原,但食之已有异味,品质变劣。因此,萝卜的收获适期是在气温低于－3℃的寒流到来之前。萝卜生长后期,经过几次轻霜之后,可以促进肉质根中的淀粉向糖分转化,使风味品质变佳。特别是生食品种,此过程尤为重要。所以,萝卜的收获期不宜过早。一般应根据天气预报来确定。另外,还要根据品种、播种期、生长状况和收获后的用途来决定。例如,早熟品种和中小型萝卜品种只要充分长成,就应收获上市,否则易糠心。收获后最好把萝卜的根顶切去,以免在贮藏中长叶、抽薹,消耗养分,引起肉质根糠心,降低食用价值。

三、夏秋萝卜标准化生产的栽培技术要点

夏秋萝卜包括早夏种晚夏收或夏种秋收的萝卜品种,我国大部分地区可选择这一栽培季节。其生长期内,尤其是发芽期和幼苗期正处炎热的季节,不利于萝卜的生长,且病虫害较为严重,致使产量低而不稳。

(一)选地与施肥

夏秋萝卜栽培宜选择土壤富含腐殖质、土层深厚、排水良好的砂壤土,其前作以施肥多、耗肥少、土壤中遗留大量养分的茬口为好,如早豇豆、黄瓜等。深耕整地,多犁多耙,晒白晒透,在播种前结合深耕,每667平方米撒施充分腐熟的有机肥

4 000 千克,草木灰 100 千克,过磷酸钙 25～30 千克,耕入土中,一次性施足基肥,以后看苗追肥。

(二)适时播种

夏秋萝卜适宜播种期为 6 月下旬至 7 月下旬,过早播种,萝卜膨大时雨水多,病害重。起垄栽培,按 30 厘米株距穴播,一般每穴 4～5 粒种子,播种时一定要采用药土(如敌百虫、辛硫磷等)拌种或药剂拌种,以预防地下害虫。播后除盖土外,还应进行覆盖,以保持水分,保证出苗迅速、整齐,还可以防止暴雨板结土壤,妨碍出苗。覆盖物可用谷壳、灰肥等,播后盖土厚约 2 厘米,同时用遮阳网覆盖,保持田间湿而不渍。

(三)苗期管理

播种后若天气干旱,应小水勤浇,保持地面湿润,可降低地温;若雨水偏多,大雨后需及早排涝。出苗后,旱天仍应3～4 天浇 1 次小水,不使垄面干燥;结合浇水可施 1 次硫酸铵,每 667 平方米 10～15 千克,以补充土壤中氮肥的不足,促进幼苗生长。夏秋萝卜在间苗、定苗的管理上,宜采用多次间苗,适当晚定苗的做法,即于破心期、2～3 片真叶期各间苗 1 次,而于 7～8 片叶时定苗。此做法的优点是幼苗群体叶面积较大,覆盖地面使地温稍低,晚定苗还有利于选留健苗和拔除病苗。

(四)病虫害防治

夏秋萝卜易受蚜虫、菜青虫、菜螟等害虫的危害,而蚜虫又是传播芜菁花叶病毒等的媒介。因此,萝卜出苗前,应在附近作物及杂草上喷布 1 000 倍 40％乐果乳油等药剂,严格防治蚜虫。出苗后亦应定期喷药。有菜青虫、菜螟等害虫发生时，可喷布辛硫磷等药剂 1 000～1 500 倍液防治。在萝卜软腐病、黑腐病发病频繁的地区，播种前用菜丰宁拌种，每 667 平方米用量 100 克。霜霉病发生时，可及早连续喷 2 次 75% 百菌清等药剂 600 倍液加以防治。

(五)肥水管理

夏秋萝卜在肥水管理上宜采取以促为主的原则。定苗后，随即每 667 平方米施 10～15 千克硫酸铵并浇水，促进萝卜莲座叶生长，10～15 天后，再每 667 平方米施氮、磷、钾复合肥 15～20 千克，松土，稍扶垄后浇水。在萝卜肉质根膨大期间，天气无雨时，一般可隔 4～5 天浇 1 次水，促使肉质根膨大。

(六)收　获

夏秋萝卜的收获期不十分严格。肉质根长成后，即可根据市场需求，及时收获。

四、冬春保护地萝卜标准化生产的栽培技术要点

冬贮萝卜立春后开始糠心，商品价值降低，冬春保护地萝卜是重要的春季补淡蔬菜，近几年此茬萝卜在市场上非常走俏，其栽培面积越来越大。冬春保护地萝卜栽培应选择质脆、味甜、纤维少、冬性强、晚抽薹、丰产和不易糠心的品种。

(一)整地、施肥

冬春保护地萝卜栽培应选择土层深厚、疏松、肥力中等、能灌能排的砂壤土或壤土地。每 667 平方米施腐熟有机肥

4 000～5 000 千克,磷酸氢二铵 50 千克,豆饼 50 千克。深翻 30 厘米左右,整平耙细起垄,垄距 60 厘米,垄顶宽 25 厘米,垄高 20 厘米,垄向以南北向为宜。

(二)适时播种

冬春保护地萝卜栽培应严格控制播种期,切不可盲目过早播种,否则在低温条件下易通过春化阶段,造成先期抽薹。原则上地温在 10℃ 以上时播种,根据栽培设施情况及选用品种不同,灵活确定播种期。大棚栽培,可在 1 月下旬至 2 月中旬播种,4 月上旬开始采收。中小拱棚加地膜覆盖栽培,可于 2 月中旬至 3 月上旬播种,4 月上旬开始采收。露地地膜覆盖栽培,可在 3 月下旬至 4 月上旬播种,5 月中旬至 6 月初采收。采用穴播,每 667 平方米播种量 150 克。播种时,先在垄上开穴,穴距 25 厘米,穴内浇水,水渗后播种,每穴 3～4 粒种子,然后用细土覆盖 1.5 厘米,最后覆盖地膜保温保湿。地膜要求拉紧铺平,紧贴地面。另外可用营养钵培育部分预备苗,以备补缺。为实现分期上市,可按计划分期排开播种,每 5～10 天播种 1 茬,以利于均衡供应市场。

(三)田间管理

播后 4～5 天出苗,出苗后要及时分期分批破膜引苗;第十天前后查苗补苗;2～3 片真叶期间苗;"大破肚"时定苗。播后 20 天左右,用土块压住地膜破口处,防止地膜被顶起。

萝卜生长前期以保温为主,适当提高棚内温度,促进莲座叶生长,遇强冷空气时需加盖防寒物。生长后期气温回升,应及时通风降温,白天保持 20℃～25℃,夜温 10℃～13℃,可视天气情况逐步撤除小棚膜及大棚裙膜。4 月中旬以后即可撤除棚膜,进行露地栽培。

萝卜生长期不要缺水,垄沟土壤发白时适时浇水,特别是肉质根进入迅速膨大期,需水量增加,需视土壤墒情浇水,最好采用滴灌。若采用沟灌,应在晴天中午进行,浇半沟水。播后30天左右第一次追肥,每667平方米施硫酸铵10~15千克。45天左右第二次追肥,每667平方米施25千克氮、磷、钾复合肥,可在距萝卜10厘米处穴施或开沟施入。

(四)病虫害防治

害虫主要是蚜虫、菜青虫。可采用诱蚜、避蚜及天敌防治蚜虫;也可用生物农药防治。具体可参照本书第六章萝卜标准化生产的病虫害防治技术。

(五)收 获

肉质根横径达5厘米以上,重约0.5千克时,可根据市场行情随时采收,分批收获上市。但应注意本品种的成熟期,避免过晚采收以防糠心。采收时叶柄留3~4厘米切断,清洗后上市,如果进行远距离运输,则不要清洗。

五、春夏萝卜标准化生产的栽培技术要点

露地栽培春夏萝卜,因前期温度低,易于通过春化阶段而发生先期抽薹,因此,防止发生先期抽薹是春夏萝卜栽培的中心环节。

(一)播种前的准备

由于春夏萝卜生长期短,为获得较高的产量,宜选择疏

松、肥沃、保水保肥的壤土或砂壤土种植春萝卜。播种前施足基肥,深翻耙平。若土壤墒情不好,可提前浇水造墒。若为风障前播种,夜间加盖草苫的,应整理好风障,备好草苫。露地种植的,一般需做成平畦;如在春甘蓝、春花椰菜或其他早春蔬菜的畦埂上点种,畦内作物可提前浇水,湿润畦埂,以备播种。同时,应选用冬性较强的品种,备足种子。

(二)适时播种

因萝卜种子萌动后就能接受低温影响而通过春化阶段,为避免春夏萝卜发生先期抽薹,适期播种十分重要。根据萝卜通过春化阶段最适低温为 $2℃\sim4℃$ 的情况,为减少低温的影响,春夏萝卜适期播种的依据应是地表 10 厘米地温稳定在 $8℃$ 以上,夜间最低温度不宜低于 $5℃$ 。实践证明,春夏萝卜播种后避免夜间温度偏低是防止发生先期抽薹的有效措施。

(三)合理密植

春夏萝卜个体小,生长期短,要获得较高的产量,必须十分注意合理密植。采用平畦种植春夏萝卜,行距为 $20\sim24$ 厘米,株距 15 厘米左右;间作时,株距为 $12\sim15$ 厘米。出苗后,于破心时进行第一次间苗,苗距 $2\sim3$ 厘米。$2\sim3$ 片真叶时进行第二次间苗,苗距 $6\sim7$ 厘米。$4\sim5$ 片真叶时定苗,定苗宜早不宜迟。

(四)巧用肥水

春夏萝卜生长前期,地温低是限制春夏萝卜生长的重要因素。因此,苗期应尽量晚浇水,可中耕 $1\sim2$ 次,疏松土壤,提高地温,促进根系发育。因春夏萝卜叶片旺盛生长和肉质根生长膨大基本上是相继进行,故应早行追肥,可于定苗后每667平方米施氮、磷、钾复合肥 15～20 千克,随即浇水。以后,要及时供给水分,保持地面湿润,既利于春夏萝卜肉质根的膨大,又可防止发生糠心。

(五)适时收获

目前采用的春夏萝卜品种生长期较为严格,耐老化、耐贮性较差。肉质根膨大后若延缓收获极易发生糠心,降低商品价值。所以,进入肉质根膨大期,一是要注意保持土壤湿润;二是要注意经常检查,当肉质根已充分膨大而又未发生糠心时,应及时收获。

六、防止萝卜肉质根品质低劣的措施

(一)糠 心

糠心的主要原因是水分失调。萝卜生长后期,肉质根迅速膨大,木质部远离疏导组织的薄壁细胞,缺乏营养物质供应,细胞中糖分减少,可溶性固形物和水分含量减少,同时产生细胞间隙,于是造成糠心。糠心与萝卜品种、播期及水分管理关系密切。肉质根松软,生长快,细胞中淀粉和糖含量少的大型品种或生长期短的早熟、极早熟品种容易糠心。播期过早,水肥供应不当等均易造成萝卜糠心。主要预防措施是保障水肥合理供应,选择耐糠心的小型萝卜品种,如透心红萝卜、胭脂红萝卜、太白、秋江等新品种。

(二)歧根(杈根)

歧根主要是由于主根生长点被破坏或生长受阻,而使侧根膨大起来的结果。形成歧根的主要原因是土壤理化性状差、土层浅、多石砾、整地不精细等阻碍了主根的正常生长,从而导致侧根的发育。此外,施用未充分腐熟的有机肥,肥料在土壤中发酵产生的热量烧坏了主要的生长点,侧根就会由吸收根变成贮藏根而引起肉质根膨大分杈。此外,在移栽、锄草等农事操作过程中造成主根受损,使用贮存了4~5年的陈种子,都会增加杈根的形成。预防措施主要包括改善土壤理化性状,禁施未腐熟有机肥,合理密植,选用新种子等。

(三)裂 根

主要是因萝卜生长过程中土壤水分供应不均匀所致。萝卜主根在膨大前期土壤干旱,导致外部皮层细胞逐渐硬化,内部细胞生长缓慢;膨大期雨水充足,次生木质部细胞迅速膨大,而周皮硬化,跟不上次生木质部细胞膨大速度而被胀裂,造成裂根。其多发生在干湿不均、先旱后涝的地块。防止萝卜裂根的措施是合理浇水,避免土壤忽干忽湿,在临近收获时尤其要注意。选择肉质根含水较少、肉质致密的品种,这类品种不易出现裂根。还要注意适时收获,特别是在夏季高温、多湿季节栽培夏秋萝卜,更要及时收获。

(四)辣 味

气候干燥炎热、缺肥等会导致主根生长缓慢,个头小,芥子油含量高,从而出现强烈的辣味。预防措施主要有适当推迟播种期,使萝卜肉质根迅速膨大期避开高温炎热天气,加强田间管理，保证水肥充足。

（五）苦　味

苦味主要是因为肉质根存在苦瓜素，其是一种含氮的碱性化合物。预防措施主要有选择适宜土壤，采取氮、磷、钾配方施肥，不偏施氮肥。每生产 1 000 千克萝卜，需氮 2.1～3.1 千克、五氧化二磷 0.8～1.9 千克、氧化钾 3.8～5.6 千克，其比例为 1∶0.2∶1.8。

第五章 萝卜芽标准化生产技术

利用萝卜籽直接培育,以其细嫩的子叶和下胚轴为食用器官的蔬菜,叫萝卜芽菜,也叫娃娃萝卜苗,是近年新兴的一种芽菜。由于萝卜芽营养丰富,含有多种矿物质、维生素、蛋白质及糖类等,具有祛痰、消积、顺气、利尿、清热解毒等药理作用,且品质柔嫩,味道鲜美,因而被认为是一种高档的无公害蔬菜。栽培萝卜芽的设备简单,生产周期短,对生产场地要求不十分严格。因此,对于蔬菜市场淡季和边远地区市场供应有着重要意义,可作为蔬菜的替代品,用于高寒、边远地区和蔬菜缺乏季节维生素的补充。

一、萝卜芽的特点

萝卜芽是萝卜种子在人工控制的环境条件下,直接生长出的芽苗作为蔬菜产品,具有以下主要特点:

一是洁净无公害。萝卜芽主要靠种子中贮藏的养分转化而成,生长期短,很少发生病虫害,不需施肥及使用农药,产品清洁,无污染。

二是营养丰富。萝卜芽富含维生素 C、维生素 A,品质柔嫩,风味独特,易于消化吸收,为老少皆宜的高档蔬菜。

三是适宜工厂化生产。萝卜芽生长快,培育周期短,而且不需施肥,只需满足水分、温度、氧气等条件,就能生产出符合市场需要的产品,因此,环境条件相对容易调控,适宜工厂化集约生产。

四是生产方式灵活多样。萝卜为半耐寒性蔬菜,幼苗适应温度范围较广,可采用多种设施进行生产。例如,冬季利用日光温室、改良阳畦等进行生产;夏季则可用遮阳网生产;农家庭院可利用空闲房屋、闲散空地、设置栽培架进行生产;城镇居民可在阳台、房屋过道等处采用盘栽、盆栽等方式进行生产,有较高的经济效益。

二、萝卜芽生产环境条件

萝卜芽喜温暖湿润,不耐高温和干旱,生长过程中需要遮光。若各方面条件适宜,播种后 7～10 天,下胚轴长到 8～9 厘米时即可收获上市。

(一)温 度

萝卜种子发芽适宜温度为 20℃～25℃,生长适宜温度为 15℃～25℃ 。温度过高,萝卜芽容易霉烂;温度过低,则萝卜芽生长缓慢,甚至停止生长。在冬季可以采用加温保暖设施提高苗盘及其周围温度,在夏季则可以通过通风和遮阳网遮光,降低苗盘周围环境温度。

(二)湿 度

萝卜芽在湿度大的条件下栽培容易霉烂,高温季节更是如此。因此,萝卜芽生长环境湿度,需控制在 70% 以下。如地面栽培,要求床土质地疏松、排水良好的中性砂壤土或壤土。

三、品种选择

几乎所有萝卜品种都可以用于培育萝卜芽,但为保证生长迅速整齐,幼芽肥嫩,宜选用种子千粒重高、价格便宜、肉质根表皮绿色或白色品种的萝卜种子最佳,并注意选用适应高、中、低温的不同品种,以供不同季节、不同设施周年生产。适合用于无土栽培萝卜芽的品种,应具备纯度高、籽粒大、发芽率高、种子产量高等特点。常见品种有大青萝卜、大红袍、短叶13、中秋红等。另外,还有由日本引进的供高温期栽培的福叶40日萝卜;供中、低温栽培的大阪4010萝卜、理想40日萝卜等专用品种。

四、生产技术

(一)生产场地及容器消毒

萝卜芽生产分育苗盘生产和地床播种生产。育苗盘生产消毒方法是:生产场地每平方米用2克硫黄点燃,密封场地10小时,熏蒸消毒后通风待用。栽培容器用0.1%～0.2%漂白粉或0.3%高锰酸钾溶液刷洗消毒,用清水冲洗净。地床播种生产土壤消毒方法与育苗盘生产土壤消毒相同,一般采用沙培法播种。

(二)种子处理

种子要经过筛选处理,通过筛选,除去灰土、杂物,留下饱满、无破损的种子。不能使用带病或者发芽势、发芽率低的种子,否则会降低产量和芽苗质量。

经过筛选的种子在室温下浸种 1～2 小时,使种子充分吸水,以利于发芽。也可在浸种前用 0.2% 漂白粉液浸种 1 分钟,对种子进行消毒处理。催芽后晾干即可用于播种。

(三)播 种

1. 苗盘播种 选择底部有小孔的塑料盘作苗盘。播种前先将苗盘冲洗干净,盘底铺厚 1～2 厘米的河沙,或白纸,或无纺布,用水淋湿后将已催芽的种子均匀地撒播其上。播种的原则是在种子不重叠的前提下尽量密播。播后将苗盘放在黑暗或弱光处的层架上。

2. 地床播种 地床播种是做成宽 1.2～1.5 米、长 6～8 米的畦,要求畦土细碎,畦面平整。先浇透水,然后均匀撒种,每平方米播种 200～250 克。播后覆盖疏松细土或细沙约 1 厘米厚,上面再盖一层草席。

(四)生产管理

萝卜芽喜温暖、湿润的环境,不耐干旱和高温,对光照要求不严格。播种后苗盘可摞盘或直接上栽培架,但均需进行遮光处理,保持一个黑暗的环境。一般在采收前 3 天使之逐步见光,使子叶绿化,胚轴直立,提高品质。出苗后每天均匀喷水 1 次,以满足幼苗需要。要严格控制温、湿度,在保护地内生产萝卜芽,温度应控制在 25℃ 以下,空气相对湿度控制在 75%～80%。

苗盘生产在播种后,每隔 6～8 小时喷水 1 次,每天喷水 3～4 次。4 小时后子叶长出,再过 1 小时子叶微开,此时可移至光照处进行绿化培养约 3 小时,即可采收。绿化培养期间每天可喷水 5～6 次,每次每平方米苗盘面积用水 250～300 毫升。为了使芽苗肥壮、脆嫩,在浇水时,每天可喷 1 次营养液。营养液中各种营养元素的含量为(毫克/升):氮 100、磷 30、钾 150、钙 60、镁 20、铁 2、硼 1、锰 6、钼 0.5。为保证萝卜芽生产的绿色无污染,尽量避免喷施农药防治病害,只要控制好环境条件,在萝卜芽短期生长期间可减少或杜绝严重病害的发生。

(五)绿化采收

当苗高长至 8～10 厘米时,将遮光物揭去,使之见光(散射光即可)1～2 天,幼苗由白变绿,完成绿化过程。食用标准不同,采收期也有所不同。食用子叶期萝卜芽,一般在播种后 7～8 天采收;食用 2 片真叶期芽苗,播种后 14～17 天采收。采收最好在傍晚或清晨温度较低时进行。地床栽培的,收获时手握满把,连根拔起,清洗掉根部所带泥沙,捆扎包装。苗盘生产的,可用小刀齐盘底垫纸处割下,捆扎包装上市。

第六章　萝卜标准化生产的
病虫害防治技术

病虫害是获得萝卜优质高产的主要威胁，特别是病害的威胁更为严重。不同年份、不同地区发生的病虫害种类及其危害程度有所不同。基本的防治思想有两条：一是"防重于治"。二是以生物防治为主，药剂防治为辅。要求从农业生态系统整体出发，根据蔬菜不同生育期病虫发生危害情况，合理调整作物—病虫—天敌—环境之间相互依存、相互制约的关系，充分发挥自然控制因素的作用，综合运用各种防治措施，特别是利用各种有效的生物防治技术，不用或少用化学合成农药，从而保护环境及生态平衡，减少食物中的农药污染，为生产绿色蔬菜提供保证。

一、萝卜主要病害及其综合防治技术

(一)病 毒 病

十字花科植物病毒病在全国各地普遍发生，危害较重，是生产上的主要问题之一。华北和东北地区大白菜受害严重，统称为"孤丁病"或"抽风"。华南地区芜菁、芥菜、小白菜、菜心、萝卜和大白菜等普遍发生，称为花叶病，发病率一般为3％～30％，重病地块可达80％以上。华东、华中及西南地区除危害十字花科蔬菜外，还严重危害油菜。

【症　状】　萝卜苗期最易感病毒病，发病症状是心叶初现明脉,并沿叶脉褪绿,使叶片产生浓淡相间的绿色斑驳,继而花叶皱缩。轻病株一般外观正常,矮化不明显,但结实不良;重病株矮化、畸形,根部不发育或发育不良。

【病原及传播】 我国十字花科蔬菜病毒病主要由下列 3 种病毒单独或复合侵染所致,即芜菁花叶病毒,烟草花叶病毒,黄瓜花叶病毒。在华北和东北地区,病毒在窖内贮藏的白菜、甘蓝、萝卜等采种株上越冬,也可以在宿根作物如菠菜及田间杂草上越冬。春季传到十字花科蔬菜上,再经夏季的甘蓝、白菜传到秋白菜和秋萝卜上。芜菁花叶病毒和黄瓜花叶病毒可以由蚜虫和汁液摩擦传染,但田间病毒传播主要是蚜虫。高温干旱容易造成蚜虫频繁迁飞,从而传播病毒,加重发病。

【防治方法】 ①种植抗病、耐病品种。已育成的抗病、耐病品种较多,许多地方利用抗病品种已经成功控制或减轻了病毒病。由于各地感染十字花科蔬菜的病毒种类、株系不尽相同,因此,在引进抗病品种时,需经试种或进行抗病性鉴定。常见抗病品种有京红 1 号,心里美,热白,灯笼红,石家庄白萝卜,露八分,布留克等。②农业措施。调整蔬菜生产布局,合理间、套、轮作,不与十字花科蔬菜或其他毒源植物相邻或接续种植,适期播种,使苗期避开高温期与蚜虫迁飞高峰期,加强肥水管理,合理施用基肥和追肥,喷施叶面营养剂,以提高植株抗病能力和缓解病株症状。③防治蚜虫。及时采取各种避蚜、诱蚜、杀蚜措施。④药剂防治。可选用 50%抑毒星1 000倍液,或 1.35%毒畏1 000倍液,或 20%病毒 A 300 倍液,或20%病毒克星 500 倍液,于苗期喷施 2 次,移栽后 7～10 天喷 1 次,配合使用爱增美3 000～5 000 倍液(日本产天然芸薹素)或氨基酸叶面肥,则效果更好。

（二）黑腐病

十字花科蔬菜黑腐病危害多种十字花科蔬菜，如白菜、甘蓝、花椰菜、萝卜、荠菜和芜菁等。但以甘蓝、花椰菜和萝卜被害最为普遍，分布很广，有的地区或个别地块也能造成较大的损失。例如，陕西省武功县一带，萝卜的病株率可高达30%，经贮藏后块根腐烂率为5%～10%。

【症　状】　黑腐病是一种由细菌引起的维管束病害，其症状特征是维管束坏死变黑。幼苗被害，子叶呈现水浸状，逐渐枯死或蔓延至真叶，使真叶的叶脉上出现小黑斑或细黑条。成株发病多从叶缘和虫伤处开始，出现"V"字形的黄褐斑，该部分叶脉坏死变黑。萝卜、芜菁叶上初期叶缘变黄色，接着叶脉变黑，之后，叶全部变黑，但不形成特定的病斑。发病初期根部外观没什么异常，如把健、病两种根透视比较，健者白色且有生机勃勃之感，而病者则稍呈饴色，被害根切断观察，导管部变黑，病势渐严重时，由导管部渐腐烂，中心消失变空洞状。偶尔，病势发展停止，自根冠再簇生叶子。与软腐病不同的是，此病不软化，无恶臭味。

【病原及传播】　病原菌为野油菜黄单胞细菌野油菜致病变种。病菌在种子内和病残体上越冬。若播种携带病菌的种子，病菌能从幼苗子叶叶缘的水孔侵入，引起发病。病菌随病残体遗留田间，也是重要的初侵染源，一般情况病菌只能在土壤中存活1年。在田间，病菌主要借助肥料等传播。地势低洼，排水不良，天气久晴突降大雨，夏秋高温、多雨以及早播，虫害严重等，均容易引发此病。

【防治方法】　①种植抗病品种。可选择各地报道的抗病品种，如小缨紫花潍县萝卜，丰克一代，合肥青萝卜，郑州金花薹,鲁萝卜 3 号,秦菜 1 号,秦菜 2 号,冬青 1 号等。②使用无病种子。使用由无病田和无病株采收的种子,对可能带菌的种子须进行消毒。用温汤浸种法处理时,先将种子用冷水预浸 10 分钟,再用 50℃ 热水浸种 25～30 分钟。药剂处理可用 45％ 代森铵水剂 300 倍液,或 77％ 可杀得悬浮剂 800～1 000 倍液,或 20％ 喹菌酮 1 000 倍液浸种,浸种时间都为 20 分钟,浸种后的种子要用水充分冲洗后晾干播种。用 200 毫克/升的链霉素或新植霉素药液浸种也有效。此外,还可用 50％ 琥胶肥酸铜(DT)可湿性粉剂或 50％ 福美双可湿性粉剂,按种子重量 0.4％ 的药量拌种。③农业措施。病原菌在田间仅能存活 1 年左右,因而可与非寄主作物,如豆类、葫芦科、茄科蔬菜等进行 2 年轮作,避免与十字花科蔬菜连作;清洁田园,及时清除病残体,秋后深翻,施用腐熟的农家肥;适时播种,合理密植;及时防虫,减少传菌介体;合理浇水,雨后及时排水,降低田间湿度;减少农事操作造成的伤口。④药剂防治。发病初期可用 500～600 倍高锰酸钾溶液每隔 7 天喷 1 次,连喷 3 次,也可用 58％ 甲霜灵可湿性粉剂 500 倍液,每 667 平方米用药 120 克,对水 60 升喷雾,隔 7 天再喷 1 次。

(三)软 腐 病

细菌性软腐病是园艺植物的一种重要病害,尤其对十字花科蔬菜,危害更为严重,可危害萝卜、白菜、甘蓝等,十字花科蔬菜软腐病也称"烂葫芦"、"水烂"等。

【症　状】　软腐病的症状因病变组织和环境条件不同而略有差异。一般柔嫩多汁的组织开始受害时,呈浸润半透明状,后变褐色,随即变为黏滑软腐状。比较坚实少汁的组织受侵染后,先呈水浸状,逐渐腐烂,但最后患部水分蒸发,组织干缩。萝卜、芜菁被害初期,根冠污白色,呈水浸状,叶柄则如热水烫过般软化。发病严重时,萝卜髓部腐败软化、消失变空,并产生恶臭味,叶片也软化腐败。该病与黑腐病的区别在于根不变黑色。有时发病较轻时,可从根冠发出新叶并呈畸形。

【病原及传播】 病原菌为胡萝卜软腐欧文氏菌胡萝卜亚种。软腐病菌主要在病株和病残体组织中越冬。田间发病的植株、土壤中、堆肥里、春天带病的采种株以及菜窖附近的病残体上都有大量病菌,是重要的侵染来源。病菌主要通过昆虫、雨水和灌溉水传播,从伤口侵入寄主。伤口有自然裂口、虫伤、病伤和机械伤4种,引起软腐病发病率最高的是叶柄上的自然裂口,其次为虫伤。多雨情况下不利于伤口愈合,易引起病害。高畦土壤中氧气充足,不易积水,有利于寄主的伤愈组织形成,减少病菌侵入的机会,故发病轻;平畦地面易积水,土壤中缺乏氧气,不利于寄主根系或叶柄基部愈伤组织的形成,故发病重。

【防治方法】 ①种植抗病、耐病品种。各地自然条件、栽培管理水平和对品种抗病程度的要求不同,引进品种时应先行试种或进行抗病性鉴定,以确认品种的抗病、耐病水平能够满足需要。常见抗病品种如杂选1号。②农业措施。病田避免连作,换种豆类、麦类、水稻等作物;清除田间病残体,精细翻耕整地,暴晒土壤,促进病残体分解;适期播种,避免因早播造成包球期的感病阶段与雨季相遇;避免在低洼黏重土地上种植,不要大水漫灌,雨后及时排水,降低土壤湿度,多雨地区应行高垄栽培;增施基肥,施用净肥,及时追肥,使菜株生长健壮;及时防治地下害虫、黄条跳甲、菜青虫、小菜蛾以及其他害虫,减少虫伤口,发现病株后及时挖除,病穴撒生石灰消毒。③药剂防治。可选用 72%农用链霉素或新植霉素 4 000 倍液,或90%克菌先锋5 000倍液,或77%可杀得800倍液,或多宁500倍液,或50%杀菌王1 000倍液,或50%安克·锰锌500倍液,或72%克露800倍液,或3%克菌康600倍液于移栽后5～7天浇施1～2次,发病初期喷雾防治。

(四)霜 霉 病

霜霉病是十字花科蔬菜的重要病害,广泛发生,萝卜易感病。

【症　状】　萝卜叶片背面产生白色霉层,正面产生淡绿色斑点,逐渐扩大成黄绿色至黄褐色病斑,病斑受叶脉限制而呈多角状,严重时病斑连接成片,使病株枯死。同时,萝卜的肉质根也发育不良。春夏萝卜采种株也可能发生霜霉病,使叶片、花薹和种荚受害,病斑呈绿白色,表面长出一层白霉。随着病害的发展,导致花梗畸形,种荚瘦小,结实不良或不能结实。

【病原及传播】　病原是病原属真菌中的藻状菌。侵染甘蓝和萝卜的病菌与侵染大白菜的病菌是有区别的。北方地区,霜霉病菌以卵孢子在病残体或土壤中越冬,翌年开始侵染小萝卜及十字花科其他蔬菜。病菌还可附在种子表面,随所播种子入土后直接侵染幼苗。发病后,由病斑上长出孢子囊,通过风雨传播蔓延。气温在20℃以下时,有利于孢子囊的形成、萌发和侵染。因此,在多雨,多雾,光照不足,通风不良的情况下,萝卜易于发病。

【防治方法】　①种植抗病品种。如京红1号,心里美,热白,灯笼红,石家庄白萝卜,露八分,布留克。②农业措施。避免重茬及与十字花科蔬菜连茬,适时播种,合理密植,通风透光,浇水不要过大,防止田间积水。彻底清洁田园,清除病残体,深翻土壤并晒垡。要在无病株上采种,留下的种子在洗净晒干后,用75%的百菌清可湿性粉剂拌种,以消灭种子所带的病菌。③药剂防治。可选用53%金雷多米尔500倍液,或64%杀毒矾500倍液,或60%氟吗锰锌(灭克)500倍液,或72.2%普力克800倍液,或50%霉多克600倍液,或72%克露(霜脲锰锌、霜霉疫净)600倍液,或69%安克2 500倍液,或10%阿米西达1 500倍液,或10%科佳2 000倍液,均匀喷施叶面,7～10天喷施1次,连喷2～3次。

(五)黑 斑 病

黑斑病是十字花科蔬菜最常见的病害之一,主要危害大白菜、小白菜、甘蓝、萝卜等,重病株生长衰弱,严重减产,病菜有苦味。

【症　　状】　黑斑病主要危害叶片、叶柄和子叶。叶片初染病时出现近圆形褪绿小斑,后逐渐扩大成直径5～10毫米的褐色病斑,有明显的同心轮纹,边缘淡绿色至暗褐色,有的病斑具黄色晕圈,湿度大时产生暗褐色霉层,在高温高湿条件下病部易穿孔。严重时病斑融合成大的斑块,致半叶或整叶枯死,全株叶片由外向内干枯。

【病原及传播】　黑斑病的病原为半知菌亚门格孢属格孢菌。其主要侵染体是分生孢子,这种带有棕褐颜色的分生孢子同样靠气流、微风或雨溅流水进行传播蔓延,依靠产生芽管侵入寄主的气孔或表皮,同时会残留在种子表面或土壤及采种株上,成为田间发病的初侵染源。侵入植株的分生孢子,在环境条件适合时,经过生长发育又产生大量的分生孢子,反复扩大侵染。

【防治方法】　①有计划的轮作。采取十字花科黑斑病害蔬菜与非十字花科作物轮作2～3年的措施,效果明显。②种子处理。把淘选净种子和温度处理结合起来。湿热法：用50℃温水浸种10~15分钟后，再用冷水多漂选几次，种子表面的病菌孢子可大量减少和被杀死。干热消毒法：十字花科蔬菜种子有比葫芦科、豆科蔬菜种子更耐干热的特点，可采用70℃干热处理种子2~3天的办法，该法除了消除种子表面的病菌孢子外，还可预防一些病毒病害，如果先用干热处理后，再用温汤浸种，效果更好。③种植抗病品种。不同品种间抗病性差异明显，应尽量选用当地抗病品种。④药剂消毒。可选用75%百菌清可湿性粉剂，或70%代森锰锌可湿性粉剂，或58%甲霜灵锰锌可湿性粉剂，均为600倍液，发病期间喷施，一般7天喷1次。

二、萝卜主要虫害及其综合防治技术

（一）菜 青 虫

【习性与为害】 菜青虫1年发生的代数，北方地区一般是3~4代，南方地区一般是7~9代。菜青虫喜温，一般在气温15℃~25℃时利于其生长、发育和繁殖。菜青虫是菜粉蝶的幼虫，全国各地均有发生。菜青虫为咀嚼式口器害虫，初孵幼虫在叶背啃食，残留表皮，3龄后食量剧增，将叶片吃成网状或缺刻，严重时仅留叶脉和叶柄，使萝卜幼苗死亡。其虫粪污染萝卜心叶，常引起腐烂，幼虫为害造成的伤口能诱使软腐病的发生。

【防治方法】 ①清洁田园。收获后及时清除田间残株败叶，集中烧毁，以减少虫口密度。②人工捕捉。捕捉幼虫和蛹及成虫是很容易做到的，成虫用网捕效果较好。③保护和利用天敌昆虫。此法既可防虫又保护环境,减少农药的污染。④生物农药防治。可选用 100 亿个活芽孢/克苏云金杆菌可湿性粉剂,每 667 平方米100～300 克对水50～60 升喷雾,或 100 亿个活芽孢/克青虫菌粉剂 1 000 倍液喷雾,或 100 亿个活芽孢/克杀螟杆菌可湿性粉剂加水稀释成 1 000～1 500 倍液喷雾。以上药剂任选 1 种,于害虫初现期开始喷雾,7～10 天喷 1 次,连续喷2～3 次以上,可兼杀蔬菜上其他蝶蛾类害虫。

(二)萝卜蚜

【习性与为害】 萝卜蚜在北方 1 年发生 10～20 代,在温室内可终年繁殖。在夏季无十字花科蔬菜生长的情况下,则寄生在十字花科杂草上。萝卜幼苗期正是蚜虫大量发生期,受害的萝卜植株不能正常生长。蚜虫还可传播病毒病,使萝卜表皮粗糙,影响品质和产量。蚜虫除在春、夏季为害春萝卜外,还为害采种株叶片,影响植株的正常抽薹、开花和结荚。

【防治方法】 ①农业防治。种植抗蚜品种或发生较轻的品种;合理安排茬口,十字花科蔬菜苗床应远离发生蚜虫较早的菜地、留种菜地和桃、李、杏果园;与玉米、架菜等高秆作物间作,降低蚜虫传毒概率;清洁田园,及时清除残株败叶和杂草,摘去老黄叶,拔除病虫苗,减少虫口。②诱蚜。避蚜及利用天敌。在有翅蚜发生盛期,设置黄皿或黄色黏板诱蚜。在十字花科蔬菜苗期,用银灰色反光膜避蚜。在田间自然存在的蚜虫天敌不少,如食蚜瓢虫、蚜茧蜂、食蚜蝇、草蛉等,可加以利用。

(三)菜 螟

【习性与为害】 菜螟,又名菜心虫或萝卜螟。主要为害十字花科蔬菜,以萝卜受害最重。北方地区,菜螟1年发生3～4代,以老熟幼虫吐丝与泥土、枯叶做成囊在土中越冬。春、秋季均有发生,以秋季为害最重。成虫白天潜伏叶下,夜间出来活动。卵散产在小苗心叶、叶柄、茎及外露根上,卵期3～5天。幼虫孵化后爬上幼苗吐丝缀叶,咬食心叶,轻者使幼苗生长停滞,重者使幼苗死亡,造成缺苗断垄。3龄后,幼虫钻蛀茎髓形成"隧髓",甚至钻食根部,造成根部腐烂。萝卜播种期越早,受害越严重。

【防治方法】 ①及时清理田园杂草、枯枝落叶,合理安排茬口,做好土地翻耕、消灭虫源等工作。②调节播期,使菜苗3～5片真叶期与菜螟盛发期错开。③适当浇水,增大田间湿度,既可抑制害虫,又能促进萝卜生长。④药剂防治。掌握好成虫盛发期和幼虫孵化盛期,及时喷药防治。可选用90%敌百虫1 000倍液,或50%辛硫磷1 000倍液,或10%氯氰菊酯2 500倍液,在采收前7～10天应停止喷药。防治菜螟应与防治小菜蛾及蚜虫结合进行。

(四)黄条跳甲

【习性与为害】 黄条跳甲在我国1年发生2～8代,在黑龙江1年发生2～3代,华北地区发生3～4代。各地均以成虫在残株落叶、杂草及土缝中越冬。成虫和幼虫均能为害植株。成虫咬食叶片,造成许多小孔,尤喜幼嫩的部分,常使幼苗停止生长,甚至整株死亡。种株的花蕾和嫩荚也可受害。幼虫为害根部,将菜根表皮蛀成许多弯曲的虫道,咬断须根,使地上部分叶片发黄萎蔫而死。受害萝卜表面蛀成许多黑斑,最后变黑腐烂。此外,成虫和幼虫造成的伤口易传播软腐病。

【防治方法】 ①农业防治。清除菜地残株落叶,铲除杂草,消灭越冬场所和食料基地,直播前尽可能深耕晒土,可起到消灭越冬虫源和灭蛹的作用。尽量避免与十字花科蔬菜连作,中断害虫的食物供给时间,可减轻为害。②使用频振式杀虫灯诱蛾。③药剂防治。防治幼虫可选用50%辛硫磷2 500倍液,或90%敌百虫1 000倍液灌根。防治成虫可选用40%菊杀或菊马乳油2 000～3 000倍液,或50%马拉硫磷1 000倍液喷雾,10天内喷2次。

(五)小地老虎

【习性与为害】 小地老虎1年发生数代,华北地区1年发生3～4代,以蛹或老熟幼虫过冬。一般在3月下旬出现越冬代成虫,5月上旬是第一代幼虫发生和为害盛期,7月中旬为第二代发生和为害盛期,8月下旬至9月上旬为第三代发生和为害盛期。成虫昼伏夜出,有趋光性、迁飞习性、趋化性。卵散产,每头雌虫产卵800～1 000粒,卵期7～13天。初孵幼虫取食心叶,3龄前的幼虫昼夜咬食萝卜的心叶,将叶片吃成小孔或缺刻状,3龄后的幼虫食量剧增,白天躲在离土表2～6厘米处,夜间到地面为害,尤其在天刚亮、露水多时为害最烈,常咬断萝卜幼苗嫩茎,心叶,造成缺苗断垄。

【防治方法】 ①除草灭虫。4月中旬产卵期除净杂草,减少产卵场所和幼虫食料来源。②药剂防治。可选用20%杀灭菊酯乳剂8 000倍液喷洒,也可堆草诱杀,将菜叶打碎,喷上90%晶体敌百虫400～500倍液,傍晚撒放在根旁,杀虫效果很好。

三、萝卜无公害生产禁用农药

无公害蔬菜生产中使用的农药要达到无公害,必须同时具备两个条件:一是有效成分对防治对象高效,对人畜、环境、天敌及作物无害或基本无害,对农产品不造成残留污染;二是农药的助剂无污染,剂型对环境安全。

在农业生产中应尽量使用无公害农药,不用或少用剧毒、高毒、高残留或者具有三致(致癌、致畸、致突变)的农药。《中华人民共和国农业行业标准》中规定的无公害萝卜生产禁用农药种类包括:甲胺磷、甲基对硫磷、对硫磷、久效磷、磷胺、甲拌磷、甲基异柳磷、特丁硫磷、甲基硫环磷、治螟磷、内吸磷、克百威、涕灭威、灭线磷、硫环磷、蝇毒磷、地虫硫磷、氯唑磷、苯线磷、六六六、滴滴涕、毒杀芬、二溴氯丙烷、杀虫脒、二溴乙烷、除草醚、艾氏剂、狄氏剂、汞制剂、砷类、铅类、敌枯双、氟乙酰胺、甘氟、毒鼠强、氟乙酸钠、毒鼠硅等。

第七章　萝卜采后处理技术
及产品质量标准

一、萝卜的采收技术

(一)品种要求

贮藏的萝卜以秋播的晚熟品种为好,因其皮厚,质脆,含糖量多。地上部比地下部长的品种及各地选育的一代杂交种耐贮性较高。例如,北京的心里美、青皮脆,天津的卫青、沙窝、葛沽萝卜,济南的青圆脆,沈阳的翘头青,吉林的大磨盘萝卜等。另外,从耐贮性上看,青皮种要好于红皮种和白皮种。生食品种比熟食品种耐贮藏。

(二)采前要求

肉质根在生长后期应适当浇水,既可防止糠心,又可提高品质和耐藏性。采收前1周需停止浇水,防止肉质根因水分过多而开裂。注意多施磷、钾肥,增加抗性。有报道称,施用单一肥料的根菜在贮藏中感病率高达31%,而施用复合肥料的感病率为11%。

(三)采收标准

适时收获对萝卜的贮藏十分重要。贮藏用的萝卜必须在霜冻前采收,收获过早,影响产量,并且糖分积累欠佳,皮层未长结实，又恰逢当时气温和土温尚高，贮藏温度不能立即降到适宜贮温，导致萝卜萌芽、腐烂；收获过晚，由于田间生长期过长，贮藏中易发生糠心，还可能受冻。受冻后萝卜会大量腐烂。当萝卜的肉质根充分膨大、茎基部变圆并开始变黄时采收最适宜，如华北地区，萝卜大致在立秋前后播种，霜降前收获。

(四)预贮措施

萝卜采收时要随即拧去缨叶，堆成小堆，覆盖上菜叶，防止失水或受冻。收获后，如遇外界气温较高，需进行预贮，在设有通风道的浅坑中堆积，上覆薄土，以便通气散热，待地面开始结冻时下窖。

二、萝卜的贮藏技术

(一)采后生理现象

萝卜的含水量为 89.9%～95%，如果失水过多，就会导致萝卜过早衰老，并降低或失去原有的鲜嫩程度和食用价值。同时，大量水分也会给微生物和酶的活动创造有利条件，从而引起腐烂变质。所以，在萝卜贮藏保鲜过程中，一定要注意水分的保存与控制。

萝卜的清脆爽口是由于体内果胶物质的存在，它通常以原果胶、果胶和果胶酸 3 种不同的形态存在于萝卜组织中，采收之前，主要含不溶于水的原果胶，它与纤维素等将细胞与细胞紧紧地结合在一起，使组织显得坚实脆硬，口感爽滑脆嫩。采收之后，原果胶逐渐分解为可溶性果胶，并与纤维素分离，引起细胞间结合力下降,硬度减小,品质变劣,口感松软,易受机械损伤。因此,在贮藏过程中,应在成熟前适当早采,并常以可溶性果胶含量的变化作为鉴定贮藏效果和能否继续贮藏的标志。

萝卜性喜冷凉多湿的环境条件,没有生理休眠期(但会被恶劣环境条件胁迫进入强制休眠状态),在贮藏中遇有适宜条件就会萌芽抽薹,此时根的薄壁组织中的水分、养分向生长点转移,从而造成糠心,使肉质根质量下降。糠心一般是由根的下部和外部皮层向根的上部和内层发展引起。导致萝卜糠心的其他因素还有:萝卜皮层虽厚,但表皮无蜡质、角质等保护组织,保存水分能力差,容易蒸腾、脱水。在贮藏时,由于空气干燥,促使蒸腾作用加强,导致薄壁组织脱水变糠;贮温过高或有机械损伤时,都会使呼吸强度加强,水解作用旺盛,养分消耗增大,导致肉质根所贮藏的营养被消耗、水分丢失,进而出现糠心。萌芽和糠心不但使肉质根失重,养分减少,而且使组织变软,风味寡淡,食用品质降低。所以,防止萌芽和糠心是做好萝卜贮藏的关键。

(二)贮藏条件

萝卜在贮藏保鲜过程中,最不容易全部保存下来的就是水分,水分丢失是必然的,常常因水分过多损失而萎蔫,从而促使酶的活性增加,加快某些物质的水解,这不仅造成营养物质的损耗,而且减弱萝卜的耐贮性和抗病性,引起品质劣变。为了达到预期的贮藏效果,一般在贮藏期间应保持较高的空气相对湿度,以便减少水分损失,保持鲜嫩状态。增加湿度可以减少萝卜失水,降低自然损耗;如在同样的空气相对湿度下,温度愈高则损耗愈大。所以,萝卜贮藏应保持低温、高湿。

通常贮藏温度为0℃～3℃（不能低于0℃），空气相对湿度为95％或更多，以保证肉质根少失水或不失水。

萝卜肉质根的细胞间隙很大，具有高度的通气性，能忍受较高浓度的二氧化碳（8％）。这与肉质根长期生活在土壤中所形成的适应性有关。因而，它更适于密闭贮藏，如埋藏、简易气调贮藏等。

（三）贮藏方法

各地贮藏萝卜主要采用沟藏和窖藏。近年来在城市中逐渐推广了通风库贮藏，气调贮藏也开始在生产上应用。萝卜贮存的质量标准为：未脱水变糠，保持相当的甜度和清脆度。保持萝卜鲜度的关键在于创造一个适宜的贮藏条件。凡是能抑制萝卜顶芽生长的外界条件，都能较好地保持萝卜的鲜活度。萝卜"立春"后休眠芽萌动，开始发糠，因此，如何防止萝卜变糠，保持良好的商品质量，是一项重要的工作。

1. 沟藏 选地势高、水位低、土质黏重、保水力强的地方，挖东西向沟，沟宽100～150厘米，过宽会增大气温的影响，减小土壤的保温作用，难以维持沟内稳定的低温。沟的深度比当地冬季的冻土层稍深一些即可，我国从南向北，沟深渐深。例如，西安沟深可为60～80厘米，济南100厘米，京津地区120厘米，沈阳160～180厘米。挖出的土垫在沟的南侧，起遮荫作用。贮藏时将萝卜散放在沟内，最好用湿沙层积，以利于保持湿润并提高萝卜周围二氧化碳浓度。堆积厚度一般不超过50厘米，以免底层萝卜受热。萝卜上面覆薄土，随气温下降分期添加覆土，以底层萝卜不受热、表面萝卜不受冻为原则，最后约与地面齐平。为保持贮藏环境湿润，除用湿沙层积外，一般需向沟内浇水。如生食品种、土壤干燥或保水力差的可多浇水。浇水前先将覆盖土整平、踩实,以便浇水后水能均匀缓慢下渗,否则会造成底层积水、腐烂,而上层过分干燥,从而使萝卜品质下降。此法操作简便、经济,且能满足根菜类对贮藏条件的要求,所以仍是当前最主要的贮藏方式。

2. 窖藏和通风库贮藏　将采后的萝卜在露地晾晒 1 天,用不锈钢刀削去叶和顶芽,在窖内或库内散堆或堆垛或湿沙层积,堆高 120～150 厘米,每隔 150～200 厘米设 1 个通风筒,以增强通风散热效果。贮藏温度不适时可用通风窗调节,如果温度过低可用草苫覆盖;当湿度不够时,可洒水增湿。贮藏过程中一般不倒动。立春后,视情况检查倒垛,除去病腐产品。湿沙层积的贮藏效果比散堆的好。根菜类不抗寒,入窖时间应在大白菜之前,以防霜冻。这两种方法贮量大,管理方便。通风库贮藏常出现湿度偏低的现象,应采取加湿措施。

3. 塑料薄膜帐半封闭贮藏法　在库内将萝卜堆成宽 100～120 厘米、高 120～150 厘米、长 400～500 厘米的长方形垛,从入库或初春萌芽前开始,用塑料薄膜帐罩上,底部不铺薄膜,故称半封闭。适当降氧、积二氧化碳、保湿,可贮藏到翌年 6～7 月份,保鲜效果良好。贮藏期间,可定期揭帐通风换气,必要时进行检查挑选,去除感病个体。

4. 气调贮藏　气调贮藏是在机械冷藏的基础上,进一步提高贮藏环境的相对湿度,并通过调节和控制贮藏环境中的氧和二氧化碳的浓度,限制乙烯等有害气体的积累,有效地抑制呼吸、蒸发、激素作用及微生物的活动,延缓生理代谢,推迟后熟、衰老进程和防止腐败变质,从而减少贮藏损失,延长保鲜期,使蔬菜更长久地保持新鲜和优质的使用状态。

气调贮藏是在低温高湿和改变了空气成分的环境中进行的,以往的贮藏方法(包括冷藏)都是在空气中进行的,两者有本质上的区别。

气调贮藏是一种长期保鲜的方法。其保鲜效果不仅取决于贮藏环节，而且还涉及到蔬菜采收、处理、贮藏、运输、销售等采后处理全过程。贮藏只是其中的一个主要环节，采后处理全过程中任一环节出现问题，都会影响气调贮藏的最终效果。

气调贮藏按其给气体的方式，又可分为自发气调（CA）贮藏和限制气调（MA）贮藏。

(1)自发气调贮藏　利用机械化程度较高的气调库贮藏，气调库主要设施是由保护且气密性良好的库体和气体调节、测定系统组成。气体调节系统主要是由制氮机和液态二氧化碳气源组成，通过库内和调气系统的气体循环，将氧和二氧化碳浓度控制在规定范围内。制氮机有 2 种类型：一种是燃烧式，利用燃料烧掉空气中的氧；另一种是分子筛式，利用分子筛吸附方式将氧从空气中分离出去。后一种类型目前应用较多。

当萝卜放入库内后，密封库门，开动制氮机，使氧快速下降，同时补充二氧化碳，使其逐渐增加，并根据不同蔬菜的需要，调整库存内氧和二氧化碳的浓度。此种方法用电脑控制，使蔬菜自始至终都处在适宜的氧和二氧化碳的环境中，尤其是贮藏初期，控制条件较好，一般贮藏效果就好。此种方法自动化程度高，管理方便，但成本高。另外，贮藏中气体循环或排气容易造成蔬菜失水，因此，应注意在进气系统中加湿。

(2)限制气调贮藏　也称简易气调贮藏，其与气调贮藏的区别在于，限制气调贮藏是利用萝卜自身的呼吸作用来降低贮藏环境的氧和提高二氧化碳浓度的一种方法，不需特殊的气调设备。

①薄膜包装贮藏　　薄膜包装贮藏利用了薄膜的低透气性，使包装袋内维持一定氧和二氧化碳的浓度，达到延长蔬菜保鲜期的目的。薄膜包装分为大包装和小包装，大包装一般为 10～25 千克，大帐气调也是利用蔬菜呼吸作用自然降氧进行蔬菜贮藏。小包装最小的是单果包装，如柑橘、青椒等，也有多果包装的。大帐简易气调贮藏和大袋简易气调贮藏，贮藏期间都要定时换气以防止过高二氧化碳和超低氧环境对蔬菜的伤害。一般薄膜包装越小贮藏效果越好，但大量贮藏时采用小包装较费工。薄膜包装除具有气调作用外，还具有保水作用，并能保护蔬菜，防止机械损伤，而且包装材料来源广泛。目前广泛使用的薄膜袋小包装薄膜厚度为 0.04～0.06 毫米，大包装 0.1 毫米，制造简单，保存方便，费用低。因此，薄膜包装简易气调贮藏发展很快，目前，已应用于多种蔬菜的贮藏。但应注意的是，薄膜包装贮藏一定要与适宜贮藏温度相结合，才能取得良好效果，否则温度过高，则导致袋内缺氧，形成无氧呼吸，会大大降低贮藏效果。

②硅窗气调贮藏　　硅窗气调是在薄膜帐上镶嵌若干个用合成橡胶薄膜（二甲基聚硅氧烷，称硅酮橡胶，也称选择性扩散膜）做的"窗户"，利用该膜比聚乙烯膜透气性高（高 200 多倍）和有选择性的透气作用（透二氧化碳比透氧快 3～4 倍），自动调节帐内或袋内气体成分的作用，一般贮藏过程不再人工调气。依据贮藏蔬菜种类不同，每个帐或包装袋制作一定面积的这种"窗户"。

不同种类的蔬菜对气调贮藏的反应不同，同一种类不同品种的反应也有较大差异，即使适合气调贮藏的蔬菜种类和品种，其适宜的气调条件也各有不同。因此，在应用气调贮藏时，应首先考虑要贮藏的蔬菜是否适宜做气调贮藏，气调贮藏各气体适宜浓度是多少,依据蔬菜自身的要求,再去选择适宜的材料和方法,为其创造适宜的气体环境,才能取得理想的效果。

5. 其他方法 萝卜用 1.29～2.58Gy 剂量 γ 射线处理,能有效地抑制萌芽抽薹,有利于安全贮藏,保证品质优良。

另外,萝卜收获前用 2 500 毫克/千克青鲜素进行田间喷洒叶片,也能起到抑芽作用。

贮藏初期要经常检查温度。如发现温度过高,应立即倒垛,进行通风降温,使窖(库)温控制在 0℃～2℃,空气相对湿度控制在 90%～95% 为宜。否则,易引起萝卜萌芽和发病腐烂。中期(从冬至到立春),由于外界温度和窖(库)温急剧下降,萝卜最易受冻,特别是立春前后更应注意防寒。贮藏后期(立春以后),要严防受热,防止暖风吹入窖(库)内,引起发芽、糠心和腐烂。

三、萝卜的分级、包装和运输

萝卜收获后就地整修,及时包装、运输。包装可用筐、麻袋或编织袋等进行包装,也可散装。包装容器要求清洁、干燥、牢固、透气,无异味,内部无尖突物,外部无尖刺,无虫蛀、腐烂、霉变现象。塑料箱应符合 GB 8868 的要求。每批报验的萝卜,包装规格、单位重量须一致。

装运时,做到轻装、轻卸,严防机械损伤,运输工具清洁、卫生,无污染。

在运输和销售过程中要注意防冻,防热,防日晒、雨淋,注意通风。总之,应采取必要的防范措施,防患于未然。

四、萝卜产品质量标准

萝卜产品要求皮细光滑,色泽良好,大小均匀,肉质脆嫩致密,新鲜,无畸形、裂痕、糠心、病虫害斑,不带泥沙,不带茎叶、须根。

萝卜产品中的重金属、有害物质及农药限量应符合表7-1。

表 7-1　无公害萝卜的卫生质量标准

序　号	有害物质名称	指标(毫克/千克)	检测依据
1	砷(以 As 计)	≤0.5	GB/T 5009.11
2	汞(以 Hg 计)	≤0.01	GB/T 5009.17
3	铅(以 Pb 计)	≤0.2	GB/T 5009.15
4	铬(以 Gr 计)	≤0.5	GB/T 14962
5	镉(以 Cd 计)	≤0.05	GB/T 5009.15
6	氟(以 F 计)	≤0.5	GB/T 5009.18
7	硝酸盐(以 $NaNO_3$ 计)	≤1200	GB/T 5009.33
8	亚硝酸盐(以 $NaNO_2$ 计)	≤4	GB/T 5009.33
9	溴氰菊酯	≤0.05(根)	GB/T 17332
10	氰戊菊酯	≤0.5(叶)	GB/T 17332
11	敌敌畏	≤0.2	GB/T 5009.20
12	乐　果	≤1.0	GB/T 5009.20
13	敌百虫	≤0.1	GB/T 5009.20
14	乙酰甲胺磷	≤0.2	GB 14876
15	多菌灵	≤0.5	GB/T 5009.38
16	三唑酮	≤0.2	GB/T 14970

序　号	有害物质名称	指标(毫克/千克)	检测依据
17	抗蚜威	≤1	GB 14929.2
18	辛硫磷	≤0.05	GB 14875
19	六六六	≤0.2	GB/T 5009.19
20	滴滴涕	≤0.1	GB/T 5009.19
21	百菌清	≤1.0	GB 14878
22	马拉硫磷	不得检出	GB/T 5009.20
23	对硫磷	不得检出	GB/T 5009.20
24	甲拌磷	不得检出	GB/T 5009.20
25	克百威	不得检出	GB 14929.2
26	甲胺磷	不得检出	GB 14876
27	氧化乐果	不得检出	GB/T 5009.20
28	久效磷	不得检出	GB/T 5009.20
29	涕灭威	不得检出	GB/T 14929.2

绿叶菜类蔬菜制种技术　　5.50元
蔬菜高产良种　　4.80元
根菜类蔬菜良种引种指
　　导　　13.00元
新编蔬菜优质高产良种　　12.50元
名特优瓜菜新品种及栽
　　培　　22.00元
稀特菜制种技术　　5.50元
蔬菜育苗技术　　4.00元
豆类蔬菜园艺工培训教
　　材　　10.00元
瓜类豆类蔬菜良种　　7.00元
瓜类豆类蔬菜施肥技术　　6.50元
瓜类蔬菜保护地嫁接栽
　　培配套技术120题　　6.50元
瓜类蔬菜园艺工培训教
　　材(北方本)　　10.00元
瓜类蔬菜园艺工培训教
　　材(南方本)　　7.00元
菜用豆类栽培　　3.80元
食用豆类种植技术　　19.00元
豆类蔬菜良种引种指导　　11.00元
豆类蔬菜栽培技术　　9.50元
豆类蔬菜周年生产技术　　10.00元
豆类蔬菜病虫害诊断与
　　防治原色图谱　　24.00元
日光温室蔬菜根结线虫
　　防治技术　　4.00元
豆类蔬菜园艺工培训教
　　材(南方本)　　9.00元

南方豆类蔬菜反季节栽
　　培　　7.00元
四棱豆栽培及利用技术　　12.00元
菜豆豇豆荷兰豆保护地
　　栽培　　5.00元
图说温室菜豆高效栽培
　　关键技术　　9.50元
黄花菜扁豆栽培技术　　6.50元
番茄辣椒茄子良种　　8.50元
日光温室蔬菜栽培　　8.50元
温室种菜难题解答(修
　　订版)　　14.00元
温室种菜技术正误100
　　题　　13.00元
蔬菜地膜覆盖栽培技术
　　(第二次修订版)　　6.00元
塑料棚温室种菜新技术
　　(修订版)　　29.00元
塑料大棚高产早熟种菜
　　技术　　4.50元
大棚日光温室稀特菜栽
　　培技术　　10.00元
日常温室蔬菜生理病害
　　防治200题　　8.00元
新编棚室蔬菜病虫害防
　　治　　15.50元
南方早春大棚蔬菜高效
　　栽培实用技术　　10.00元
稀特菜保护地栽培　　6.00元
稀特菜周年生产技术　　8.50元

名优蔬菜反季节栽培（修订版） 22.00 元

名优蔬菜四季高效栽培技术 9.00 元

塑料棚温室蔬菜病虫害防治（第二版） 6.00 元

棚室蔬菜病虫害防治 4.50 元

北方日光温室建造及配套设施 6.50 元

南方蔬菜反季节栽培设施与建造 6.00 元

保护地设施类型与建造 9.00 元

两膜一苫拱棚种菜新技术 9.50 元

保护地蔬菜病虫害防治 11.50 元

保护地蔬菜生产经营 16.00 元

保护地蔬菜高效栽培模式 9.00 元

保护地甜瓜种植难题破解 100 法 8.00 元

保护地冬瓜瓠瓜种植难题破解 100 法 8.00 元

保护地害虫天敌的生产与应用 6.50 元

保护地西葫芦南瓜种植难题破解 100 法 8.00 元

保护地辣椒种植难题破解 100 法 8.00 元

保护地苦瓜丝瓜种植难题破解 100 法 10.00 元

蔬菜害虫生物防治 12.00 元

蔬菜病虫害诊断与防治图解口诀 14.00 元

新编蔬菜病虫害防治手册（第二版） 11.00 元

蔬菜优质高产栽培技术 120 问 6.00 元

商品蔬菜高效生产巧安排 4.00 元

果蔬贮藏保鲜技术 4.50 元

青花菜优质高产栽培技术 8.50 元

大白菜高产栽培（修订版） 3.50 元

南方白菜类蔬菜反季节栽培 6.00 元

怎样提高大白菜种植效益 7.00 元

白菜甘蓝病虫害及防治原色图册 16.00 元

以上图书由全国各地新华书店经销。凡向本社邮购图书或音像制品，可通过邮局汇款，在汇单"附言"栏填写所购书目，邮购图书均可享受 9 折优惠。购书 30 元（按打折后实款计算）以上的免收邮挂费，购书不足 30 元的按邮局资费标准收取 3 元挂号费，邮寄费由我社承担。邮购地址：北京市丰台区晓月中路 29 号，邮政编码：100072，联系人：金友，电话：（010）83210681、83210682、83219215、83219217（传真）。